KB044776

초등 디지털 루틴의 힘

메타버스를 바르게 사용하는 아이로 만드는

초등 디지털 루틴의 힘

문유숙 지음

물주는아이

프롤로그

메타버스에 빠진 아이, 어떻게 지도하면 바른 디지털 루틴이 생길까요?

'뜨는 것들의 뒤'에는 스마트폰을 신체 일부처럼 사용하는 인류 포노 사피엔스phono sapiens가 있다고 하지요? 포노 사피엔스들은 메타버스metaverse 안에서 논다고 하고요.

그래서일까요? 너도나도 메타버스에 올라타야 한다고 말합니다. 메타버스에 대한 세상의 관심도 뜨겁고요. 기업들은 메타버스 개척에 사활을 걸었습니다. 한 예로 페이스북은 사명을 메타Meta로 바꾸고, 엄청난 자본과 인력을 투입하고 있습니다. 그 외에도 많은 기업이 메타버스 입성에 성공 혹은 도전 중이고요.

그런데 말이죠. 우리 아이들은 메타버스를 얼마만큼 알까요? 주 사용자이니 메타버스에 대해 빠삭하게 알까요? 궁금해서 물어

봤습니다. 교육 현장에서 만난 7,500여 명의 초중고 학생들에게요.

"메타버스란 무엇일까요?"

가장 많은 답변은 "메타버스? 그게 뭐예요?"였습니다. 다른 답변으로는 가상세계, 가상현실, 상상의 세계, 환상의 공간, 아바타, AI, 로봇, VR 기기 등이 뒤를 이었고요. "새로 나온 전기버스인가요?"라고 묻는 학생도 있었습니다. 간혹 영화관이나 커피 전문점 상표와 혼동한 아이도 있었고요. 물론 메타버스를 잘 아는 아이도 만났습니다. 잘 몰랐던 아이도 메타버스에 관한 설명을 듣고 나면 이렇게 반응했어요.

"아하, 그래요? 난 또 뭐라고."

척하면 척 통합니다. 메타버스란 용어를 잘 몰랐을 뿐, 포노 사피엔스 자녀들에게 메타버스는 일상 그 자체니까요.

그렇다면 우리 아이들은 메타버스 사용도 바르게 잘하고 있을까요? 즉답을 드리면 천차만별입니다. '이것'이 있는 아이는 유익하게, 없는 아이는 유해하게 활용 중이었어요. '이것'의 정체는 무엇일까요? 바로 '디지털 루틴'입니다. 풀어 말하면 '지속적인 노력과 규칙적인 행동으로 만들어진 바른 메타버스 사용 습관'인데요. 만약 우리 아이가 올바른 디지털 루틴을 갖고 있다? 그러면 메타버스와 관련된 걱정은 버리세요. 굉장한 힘을 가진 디지털 루틴이 아이를 바른 사용자로 만들거든요. 미래 시대가 원하는 인재로 성장시키고요.

문제는 올바른 디지털 루틴이 저절로 생겨나지 않는다는 것입니다. 아이가 메타버스를 본격적으로 만나고 적극적으로 이용하는 초등학생 시기에 부모가 만들어 줘야 합니다. 그러려면 우리 부모님들도 메타버스가 무엇인지, 그 속에서 자녀가 무슨 활동을 어떻게 하고 있는지 알아야 하지요. 여러분은 얼마만큼 알고 계시나요? 현장 교육과 온라인 강의에서 만난 2,600여 명의 부모님들에게 메타버스가 무엇인지 아느냐고 물어보았습니다. 그랬더니 다음과 같은 답변이 압도적으로 많았습니다.

"들어는 봤는데, 정확히 뭔지는 잘……."

메타버스와 디지털 루틴에 대해 자세히 알려 드렸더니, 걱정 어린 관심과 함께 다음과 같은 질문이 쏟아졌습니다.

"그럼 메타버스에 빠진 우리 아이를 어떻게 지도해야 올바른 디지털 루틴이 생길까요?"

이에 대한 해답을 드리고 싶어서 이 책을 썼습니다. 메타버스의 실체, 우리 아이들의 실상, 그리고 실제적인 지도법! 이 세 가지를 알아야 자녀 지도를 잘하는 것은 물론, 바른 디지털 루틴도 만들 수 있거든요.

제가 현장에서 만난 아이들의 실태를 일부 공유해 보겠습니다. 아이들은 메타버스 속에서 그들만의 방식으로 활동 중입니다. 온종일 방 안에서 스마트폰만 만지며 의미 없는 시간을 보내는 것 같아도, 실은 다양한 사람들과 교류하면서 성장 중이지요. 탐험의 재미와 짜릿한 성취감도 느끼면서 말이에요. 때로는 기존의 또래 문화를 바꾸기도 합니다.

물론 부작용도 있습니다. 어떤 아이는 메타버스에 푹 빠져 현실 세계를 멀리합니다. 무분별한 사용으로 문제를 일으킬 때도 있고요. 바른 사용법을 나 몰라라 하는 아이도 많습니다. 이처럼 메타버스 속 아이들의 행태가 제각각이기 때문에 많은 부모님이 이런 요청을 하셨습니다.

"현실적이고 구체적인 자녀 지도법으로 바른 디지털 루틴을 만드는 법을 알고 싶어요. 기왕이면 쉽고 재미난 방법으로요!"

이런 부모님들께 도움이 되는 책을 쓰고 싶었습니다. 미처 몰랐던 메타버스 속 아이 실상을 알아 가는 재미에 책장이 절로 넘어가는 책, 읽다 보면 디지털 루틴과 관련된 정보를 한가득 얻게 되는 책, 다 읽고 나면 지도의 자신감이 쑥 올라가는 책을요.

이 책은 새로운 메타버스 시대에 걸맞은 부모와 아이가 되는 비법서입니다. 그 단계별 비법을 5장에 걸쳐 담아 놨습니다. 관심 가는 내용부터 읽으셔도 좋지만, 가능하면 정주행을 해 주세요. 메타버스의 개념부터 파악하고, 우리 아이들의 특성을 이해한 뒤에 디지털 루틴을 만들어야 효과적이거든요.

이 책을 다 읽고 나면 즐거운 선물 2개가 주어질 거예요. 하나는 신문명이 더 이상 두렵지도, 낯설지도 않을 겁니다. 또 하나는 적절한 지도와 바른 디지털 루틴 덕분에 가족 관계가 좋아질 거예요. 보너스로, 가끔은 자녀에게 전문가 대접도 받을 수 있답니다.

이제 뜨는 것들의 뒤에는 '슬기로운 포노 사피엔스 부모'도 있어야 합니다. 메타버스 안에서 자녀와 함께 어울리면서 디지털 루틴의 힘을 키워 나가야 합니다. 더 늦기 전에, Here and now! 메타버스 속 아이를 위한 지도법을 배우고 디지털 루틴을 실천하세요. 나중으로 미루면 늦습니다. 메타버스는 다가오는 미래가 아니거든요. 코로나19 이전부터 존재한 비대면 방식, 즉 언택트untact 세계였습니다. 그러다 온라인으로 대면하는 온택트ontact 시대가 열리면서 본격적으로 다시 시작된 현재입니다.

새로운 현재에 서 있는 지금, 여러분은 어떤 미래를 예상하시나요? 메타버스가 미래에 '유토피아가 된다.'는 쪽인가요? 아니면 '디스토피아가 된다.'는 쪽인가요? 의견이 분분하지만, 저는 이렇게 생각합니다.

밝은 미래를 함께 만들어 가자!

그럼 유토피아가 된다!

이상이 현실이 되려면 부모와 자녀 모두 메타버스를 아는 것만으론 부족합니다. 그 세계의 주도적인 사용자가 되기 위한 힘! 디지털 루틴의 힘이 있어야 합니다. 그리고 우리 어른들은 아이가 현실과 메타버스를 조화롭게 넘나들 수 있도록 도와줘야 합니다.

메타버스 속 아이를 바르고 건강하게 성장시키는 길! 이 책을 통해 찾으시길 바랍니다. 자녀는 즐겁고 부모는 행복한 메타버스 세상을 디지털 루틴을 통해 꼭 경험하시길 바랍니다.

문유숙

차례

알고 나면 쉽다! 메타버스

똑똑한 지도법 둘

알고 나니 보인다! 메타버스를 누비는 아이의 특성과 심리

똑똑한 지도법 셋

해 보면 된다!
올바른 메타버스 사용 습관 만들기

똑똑한 지도법 넷

걸정 없다!
문제 상황을 해결하는 '이럴 땐 어떻게?!'

함께 가자!
부모와 자녀가 모두 행복한 디지털 지구로!

METAVERSE
METAVERSE
METAVERSE
METAVERSE

똑똑한 지도법 하나

알고 나면 쉽다! 메타버스

메타버스에 빠진 자녀를 지도하기 위한 첫걸음! 무엇일까요? 바로 아이들의 새로운 놀이터가 된 메타버스 세상에 대해 아는 것입니다. 하지만 낯설고 어려운 내용일까 봐 알아볼 엄두가 안 난다고요? 괜찮습니다. 걱정하지 마세요! 메타버스의 개념과 특성을 알기 쉽게 소개합니다.

1

매일 접하면서도 잘 몰랐네? 메타버스 세계

"메타버스가 뭐예요?"

어느 날 갑자기 아이가 묻습니다. 이럴 때 뭐라고 말해 줘야 아이가 고개를 끄덕일까요? 저는 아이들에게 친숙한 메타버스 플랫폼을 예로 들며 대화를 시작합니다.

"포켓몬 GO, 로블록스, 제페토, 마인크래프트, 포트나이트 게임 아니?" — "네."

"페이스북, 인스타그램, 카카오톡, 유튜브, 트위터 같은 소셜미디어는?" — "알지요."

"카카오맵이나 네이버 지도는 이용해 봤어?" — "그럼요."

"실시간 원격수업은 해 봤니?" — "네, 물론이죠!"

이런 식으로 경험담을 공유한 뒤 개념을 설명합니다.

"우리가 방금 이야기 나눈 것들이 모두 메타버스야. 메타버스는 가상과 초월을 뜻하는 메타meta와 우주를 뜻하는 유니버스universe가 합쳐진 말인데, 현실 세계와 같은 사회·경제·문화 활동이 이루어지는 3차원 가상세계[1]를 말해."

"아하!"

감 잡았다는 반응이 나오면 자세한 설명을 덧붙여 이해를 돕습니다. 여기까지만 알면 메타버스 세계가 막연하거든요. 알면 알수록 흥미로운 세계가 메타버스이기도 하고요.

메타버스란 용어가 유래된 과정만 봐도 그렇습니다. 최근에 등장한 용어 같지만, 실은 1992년에 출간된 닐 스티븐슨의 SF소설《스노 크래시》에서 처음 쓰였습니다. 이후 그 의미와 영역이 확장되고 있지요. 현재는 전문가마다 여러 의견을 제시하고 있습니다. 일부 살펴볼까요?

- 나를 대변하는 아바타가 생산적인 활동을 영위하는 새로운 디지털 지구[2]
- 유용하게 증강된 현실 세계와 상상이 실현된 가상세계, 인터넷과 연결되어 만들어진 모든 디지털 공간들의 조합이며, 현실 세계로부터 접속한 다중 사용자 중심의 무한 세계[3]
- 현실-가상 융합에 기반한 확장 가상세계이자 융합 경제 플랫폼[4]

어떠세요? 조금씩 정의가 다르지만, 메타버스 세계가 머릿속에 그려지시나요? 이 정의들을 종합해 볼 때, 메타버스란 현실과 가상이 따로 노는 세계가 아닙니다. 서로 융합해 상호작용하는 세계이지요. 실생활을 디지털 기반의 가상공간으로 확장한 세계입니다. 메타버스는 생산적인 온라인 활동이 가능하기 때문에 '온라인 세상에서 살아간다.'라는 표현을 쓰기도 하는데요. 이에 대한 한 아이의 반응이 인상 깊었습니다.

"와! 알고 보니 전 이미 메타버스 세계에 살고 있네요. 메타버스는 상상의 세계, 환상의 공간이 아니었어요!"

맞습니다. 메타버스는 우리가 매일 접하는 세계입니다. 다가오는 미래가 아니라 우리 곁에 존재하는 현재이지요. 다만 그 실체를 어렴풋이 알고 있어서 멀게 느껴졌을 뿐입니다.

메타버스의 유형을 살펴보면 더 정확한 개념이 보인다

미국 미래가속화연구재단 ASFAcceleration Studies Foundation에서는 메타버스를 다음 4가지 유형으로 분류했습니다.

증강현실 라이프로깅 거울세계 가상세계

하나씩 알아볼까요? 첫 번째는 증강현실AR, Augmented Reality로, 현실 환경에 3차원 가상 물체를 겹쳐서 보여 주는 기술입니다. 대표적인 예로 많은 사람이 즐겨 하는 모바일 게임 포켓몬 GO가 있지요. 이 게임 앱을 켜고 거리를 돌아다니다 보면 화면에 포켓몬이 나타납니다. 그러면 유저는 이 포켓몬이 도망가기 전에 커브볼을 던져 잡아야 하지요. 이렇게 포켓몬을 하나씩 잡아 모으는 재미가 아주 쏠쏠합니다.

그 밖에 자동차 앞 유리에 주행 정보를 보여 주는 HUDHead-Up Display도 증강현실 중 하나입니다. 증강현실 앱을 켜고 책이나 전

증강현실 HUD (출처-현대모비스)

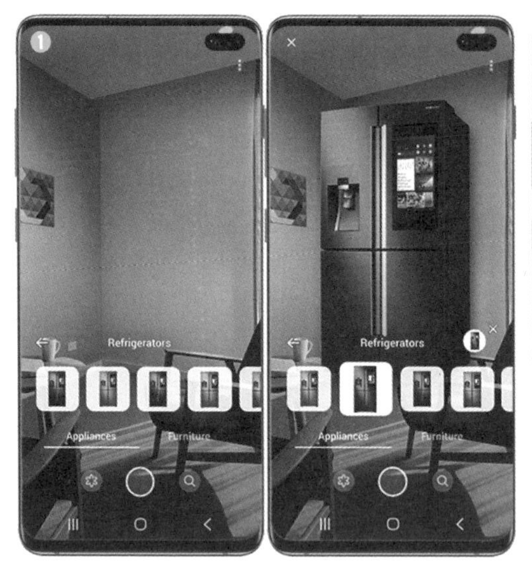

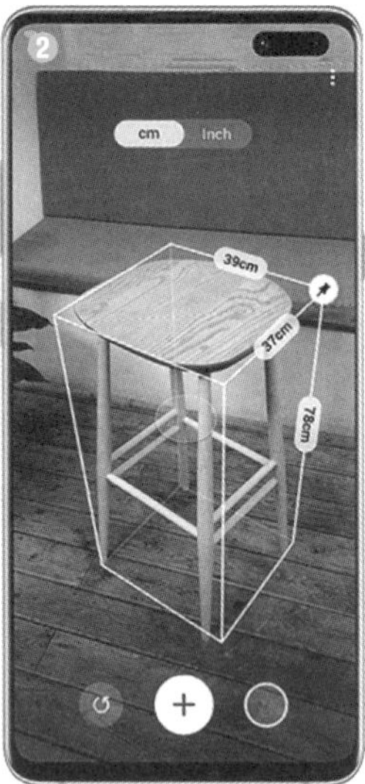

❶ 삼성 빅스비 비전 앱의 인테리어 시뮬레이션 기능(홈데코)을 이용하여 빈 공간 이미지(좌)에 가구를 배치해 본 화면(우) (출처-삼성전자 뉴스룸)
❷ 간편 측정 앱을 이용하여 가구의 실제 크기를 측정한 화면 (출처-삼성전자 뉴스룸)

시관을 비추면 관련 정보가 입체적으로 소개되는 것, 스마트폰으로 가구를 구경하다가 인테리어 시뮬레이션 앱을 이용해 현실 공간에 어울리는지 미리 배치해 보는 것, 안경이나 신발을 구매하기 전에 가상으로 착용해 보는 것, 간편 측정 앱을 이용해 물체의 길이를 측정하는 것도 모두 증강현실입니다.

두 번째는 라이프로깅life logging입니다. 라이프로깅은 일상의 다양한 경험과 정보를 텍스트·이미지·동영상으로 기록하고, 이를 온라인 플랫폼에 저장하여 다른 사용자와 공유하는 활동입니다. 페이스북, 인스타그램, 유튜브, 틱톡, 트위터, 스냅챗, 위버스, 밴드 같은 소셜미디어가 대표적입니다. 센서에 의해 생성된 사용자의 위치 정보나 생체 정보, GPSGlobal Positioning System 등을 기록하는 것도 라이프로깅이지요.

세 번째는 거울세계mirror worlds입니다. 현실 세계의 모습, 정보, 구조 등을 가상공간 안에 거울로 비춘 것처럼 구현한 세계이지요. 구글 어스를 비롯해 구글 지도, 네이버 지도, 카카오 지도, 카카오 내비, T맵, 음식 배달 앱 등이 여기에 속합니다. 마인크래프트 안에 실제와 비슷하게 세운 건축물, 화상회의 서비스를 이용한 원격 수업, 숙박 공유 서비스인 에어비앤비 등도 거울세계에 속합니다.

네 번째는 가상세계virtual worlds로, 가장 메타버스적인 세계입니다. '메타버스' 하면 대부분의 사람이 가상세계를 떠올립니다. 게임이 가상세계의 속성을 띠고 있기 때문에 '메타버스=가상세계=게임'이라는 인식이 흔한데요. 게임이 메타버스의 탄생과 진화에 큰 역할을 한 건 맞습니다. '메타버스의 시작은 게임이다.'라는 말이 있을 정도니까요.

하지만 모든 게임이 메타버스는 아닙니다. 메타버스 게임이 되려면 그 조건에 맞는 특성이 있어야 합니다. 대표적인 예로 로블록스, 마인크래프트, 월드 오브 워크래프트, 포트나이트, 리니지, 모여봐요 동물의 숲 등이 있습니다. 자세한 정보는 이 책 곳곳에 풀어놨으니 찬찬히 읽어 보시길 바랍니다.

그럼 다시, 처음에 나온 질문으로 돌아가 보겠습니다.

"메타버스가 뭐예요?"

이제는 답하실 수 있나요? 그렇다면 제대로 읽으셨습니다. 메타버스 세계에 성공적으로 진입하셨어요! 그 기세를 몰아 완독해 보세요. 책장을 넘길 때마다 메타버스 속 자녀를 이끄는 능력이 향상될 겁니다. 디지털 루틴을 만드는 길이 보일 겁니다.

2

인류는 지금 대이동 중! 아날로그 지구에서 디지털 지구로

어느 날 갑자기 오래전에 발매된 노래나 책의 인기가 급상승할 때가 있습니다. 판매 순위도 덩달아 오르고요. 그러면 그 가치 또한 재조명됩니다. 이를 '차트 역주행'이라고 하는데요. 메타버스도 그렇습니다. 최근에 급부상한 현상 같지만, 실은 오래전부터 있었습니다. 예를 들어 볼까요?

메타버스의 가치를 가장 잘 구현했다고 평가받는 로블록스Roblox는 2006년에 등장한 게임입니다. 이와 쌍벽을 이루는 마인크래프트Minecraft는 2011년에 출시됐고요. 또 하나의 교실이 된 화상회의 서비스 줌Zoom은 2013년에 시작됐습니다. 메타버스의 원조로 거론되는 게임 세컨드 라이프Second Life 공식 버전은 2003년에 발표됐습니다. 이 정도면 '메타버스 역주행'이란 표현을 쓸 만하지요?

메타버스의 역주행 이유와 그로 인한 변화

메타버스 붐이 일어난 원인은 무엇일까요? 바로 코로나19입니다. 오죽하면 '인류의 역사는 코로나19 팬데믹pandemic 이전과 이후로 나뉜다.'라는 말까지 나왔겠어요? 눈에 보이지도 않는 작은 바이러스가 우리의 삶을 통째로 바꿔 버렸습니다. 특히 언택트 문화에서 온택트 문화로 이어진 변화는 가히 혁명급입니다. 물론 코로나19 발생 전에도 디지털 문명의 영향은 컸습니다. 하지만 이 정도는 아니었지요. 거센 흐름의 정도가 마치 수돗물과 폭포수의 차이라고나 할까요?

2020년 당시 '코로나 학번'이라는 신조어가 유행했는데요. 제 아들이 딱 그 경우였습니다. 고등학교 졸업식과 대학교 입학식을 모두 비대면으로 치렀고, 학교 강의는 전부 원격으로 들었습니다. 그렇게 아들의 새내기 대학 생활은 무미건조하게 지나가 버렸지요. 그 대신 집콕 생활은 전성기를 맞이했습니다. 대표적인 예로,

아들의 스마트폰 사용 시간이 급증했습니다. 인터넷을 통해 각종 미디어 콘텐츠를 제공하는 서비스인 OTTOver The Top 구독 수도 늘어났고요. 인터넷 쇼핑몰과 배달 음식 주문 건수도 갈수록 많아졌습니다.

야심 차게 시작한 홈트레이닝은 몇 번 하다 말더군요. 덕분에 콘솔 게임console game인 닌텐도 스위치의 저스트 댄스와 링 피트 어드벤처는 제 차지가 되었습니다. 콘솔 게임은 TV나 모니터에 전용 게임기를 연결하여 즐기는 게임인데요. 이 게임을 사는 데 들인 돈이 아깝기도 했지만, 정말로 운동 효과가 있는지 궁금했거든요.

최근 상담 사례 중에는 이런 일화도 있습니다. '돌아서면 밥! 돌밥 돌밥!' 생활에 지친 한 어머니의 이야기였는데요. 코로나19 때문에 아이가 친구와 함께 온라인 공간에서 보내는 시간이 길어졌답니다. 그러다 보니 자연스럽게 스마트폰 사용 시간과 메타버스 플랫폼을 이용하는 횟수가 잦아졌고요. 사실 요즘 아이들 대부분이 이런 상황입니다. 실제 통계 자료가 이를 증명하지요.

교육부에서 실시한 '2022년 학생 정신 건강 실태 조사' 결과를 보면 초중고 전체 학생의 73.8%가 코로나19 이후 인터넷·스마트폰 사용 시간이 늘었다고 답했습니다. 과학기술정보통신부에서 주관한 '2021년 스마트폰 과의존 실태 조사'를 보면 유아동, 청소

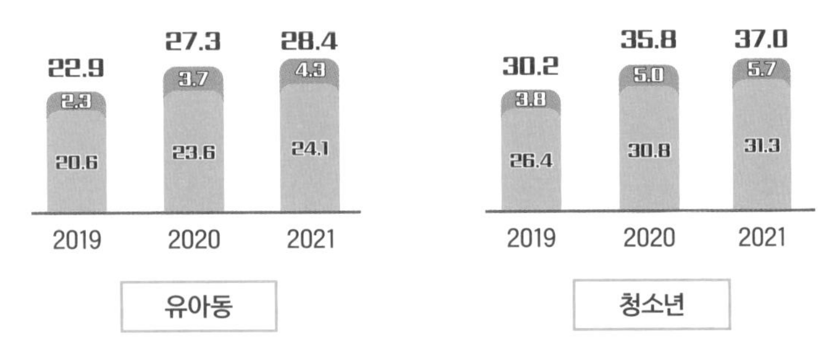

2021년 스마트폰 과의존 실태 조사 (출처-과학기술정보통신부, 한국지능정보사회진흥원)

년들의 스마트폰 과의존 위험군이 매년 증가하고 있다는 것도 알 수 있지요.

서울대학교 보건대학원에서 수행한 '코로나19 국민 인식 조사'에서는 전업주부의 자녀 돌봄 시간이 하루 평균 12시간 38분으로 집계됐습니다. 코로나19가 유행하기 전에는 9시간 6분 정도였는데 말이지요.

로블록스는 코로나19 이후 이용자가 늘어 매일 3,300만 명 정도가 접속해 게임을 즐겼습니다. 현재는 그 수가 4,000만 명을 넘어섰고요(2021~2022년, 글로벌 기준). 국내 일일 이용자 수 또한 빠르게 증가하고 있습니다. 제페토ZEPETO와 포트나이트Fortnite는 2억 명이던 글로벌 누적 가입자가 3억 명 이상으로 늘어났습니다(2022년 기준). 2020년 상반기 글로벌 모바일 게임 시장은 전년 동기 대비 21% 성장했고요.

메타버스 선도 기업들의 행보도 적극적입니다. 한 예로 MAGA Microsoft, Apple, Google, Amazon를 비롯한 유수 공룡 기업들이 메타버스 시장을 선점하고자 총력을 다하고 있습니다.

코로나19 말고도 메타버스의 부흥을 거든 요인은 또 있습니다. 바로 기술의 고도화, 5G 기술의 가시화, AR과 VR의 대중화, 대화형 인공지능의 등장, 디지털 네이티브Digital Native 세대[5]의 출현 등인데요. 이러한 추세적 흐름을 한 문장으로 요약하면 이렇습니다.

인류는 아날로그 지구에서 디지털 지구,

즉 메타버스로 이동 중이다!

더불어 '21세기는 메타버스의 시대다!'라는 말도 있는데요. 동참을 고민하던 분이 이런 질문을 하셨습니다.

"코로나19가 종식되면 메타버스도 사라지지 않을까요?"

많은 전문가의 전망에 제 견해를 보탠 답변은 이렇습니다.

"디지털 기술이 고도화되는 이상, 코로나19가 종식돼도 메타버스는 계속 발전합니다."

지금은 메타버스에 동참할 용기를 내야 할 때

앞으로는 지금보다 더 많은 사람이 디지털 지구로 향할 겁니다. 두려움 없이, 늘 즐겁게 신문명을 체험하는 우리 아이들은 이미 메타버스로 이동 중이거나 이주를 마쳤습니다. 이럴 때 부모의 선택은 하나입니다. 바로 '메타버스 대열에 합류하는 것'입니다.

부모가 메타버스에 능통하지만, 아날로그 지구가 더 좋고 편해서 그곳에 머무는 건 괜찮습니다. 어디에 있건 자녀 지도를 잘할 수 있으니까요. 하지만 메타버스에 대해 잘 모르고 관심도 없어서 아날로그 지구에서만 산다? 이런 태도는 자녀 지도를 포기하는 것과 같습니다. 자녀에게 올바른 디지털 루틴도 만들어 줄 수 없습니다.

더 이상 디지털 지구로의 여행을 망설이지 마세요! 낯선 메타버스도 결국 우리가 만들어 낸 세상입니다. 아이의 미래를 밝힐 새로운 기회의 장입니다. 이왕 나선 신세계로의 여행, 잘해야 한다는 부담감은 떨쳐 버리세요. 이미 부모님들도 메타버스 여행자입니다. 다들 SNS나 배달 앱을 한두 개쯤 이용해 보셨지요? 이처럼 잘 생각해 보면 알게 모르게 메타버스 플랫폼을 사용한 경험이 있을 겁니다.

지금부터라도 메타버스로 여행을 떠나 보세요. '그 여정이 바로 보상'이라는 스티브 잡스의 말처럼 시도하는 것만으로도 가치가 있습니다. 한 번의 시도가 백 번, 천 번, 그 이상이 되면 노력의 대가가 반드시 주어집니다. 아이가 디지털 루틴의 힘으로 올바르게 메타버스 속을 누비는 진풍경을 목격하게 됩니다.

같은 듯 다르다! 부모와 자녀의 메타버스 세상

아이들이 종종 '어른들과 우리는 노는 물이 다르다!'라고 말합니다. 과연 그럴까요? 실제 사례로 알아보겠습니다.

사례1

초등학교에서 강의할 때 있었던 일입니다. 게임 사용 실태를 공유하기 위해 제 스마트폰에 설치된 게임들을 학생들에게 보여 줬습니다. 학생들은 순간 절친을 만난 것처럼 반가워했습니다. 포켓몬 GO, 마인크래프트, 로블록스, 배틀그라운드, 브롤스타즈 같은 게임은 금세 알아보았고요. 깜짝 놀란 학생들이 제게 다음과 같이 묻기도 합니다.

"선생님도 게임하세요?"

사례2

어느 날, 상담하러 온 부모님이 제게 하소연을 했습니다. 자녀에게 무슨 게임을 하냐고 물었더니 "알아서 뭐 하게?"라고 말하더랍니다. TV 채널을 이리저리 돌리고 있을 땐 다음과 같이 핀잔을 놓더랍니다.

"TV를 왜 봐?"

위와 같은 말에 담긴 속뜻은 무엇일까요? 아이들의 말을 해석하면 이렇습니다.

"선생님도 게임하세요?" → "어른들은 잘 못하거나 싫어하던데."

"알아서 뭐 하게?" → "말해 줘도 모르면서."

"TV를 왜 봐?" → "요즘 같은 세상에 웬 TV? 차라리 유튜브를 보지!"

디지털 네이티브의 은근한 우월감, 느껴지나요? 잘난 척 같지만 그럴 만도 합니다. 우선 태생부터 다르잖아요? 부모는 디지털 이주민[6]인데, 자녀는 디지털 원주민입니다. 우리 아이들에게는 포노 사피엔스, Z세대[7], 모모 세대[8], 알파 세대[9] 같은 신세대 호칭이 여러 개 더 있습니다. 디지털 기기를 다루는 능력도 부모보다 훨씬 뛰어납니다. 첨단기술을 대하는 자세도 유연해서 부모가 쩔쩔맬 때 자녀는 서슴지 않고 척척 행동합니다.

그렇다고 기죽지 마세요. 태생적 한계를 뛰어넘고 자녀를 리드하는 부모도 많습니다. 디지털 혁신을 이끄는 선봉자들은 어른입니다. 아이들이 절대 강자처럼 군림하는 게임도 시간, 노력, 돈을 투자하면 누구나 잘할 수 있습니다. 일례로 다중 사용자 온라인 롤플레잉 게임MMORPG, Massive Multiplayer Online Role-Playing Game인 리니지에 막대한 돈을 투자하는 40~50대 남성을 '린저씨'라고 하는데요. 풀이하면 리니지 게임을 하는 아저씨입니다. 전 세계적으로 늘고 있는 실버 서퍼silver surfer의 활약도 주목할 만합니다. 실버 서퍼는 스마트 기기 사용과 조작에 능숙하고 경제력이 있는 50대 이상 장년층을 말합니다.

여러분은 어느 세대에 속하시나요? 저는 X세대입니다. 직업 특성상 메타버스 네이티브인 요즘 아이들과 소통은 물론 교육도 잘해야 합니다. 무려 30살 이상의 나이 차를 뛰어넘고서 말이죠. 그 노력의 일환으로 제 스마트폰에는 아이들이 좋아하는 게임이 가득 깔려 있습니다. 그중 유료로 다운로드받은 마인크래프트는 아이들과 같이하기도 합니다. 서로의 관심사를 공유하면 금방 라포(신뢰와 친밀감으로 이루어진 인간관계)가 형성되거든요. 여기에 말까지 잘 통하려면 "(마인크래프트 속에서) 나무는 어떻게 캐요?"라는 아이의 질문에 "응, 그건 말이지……."라고 바로 답해 줄 수 있어야 하고요.

그런데 제가 이 같은 사례를 부모 교육 현장에서 털어놓으면 다들 이렇게 말씀하십니다.

"선생님은 게임을 잘하시나 봐요."

아닙니다. 저는 게임 고수가 아닙니다. 시험공부 하듯이 게임에 파고들어야 간신히 초보 유저를 면하는 정도입니다. 하지만 괜찮습니다. 아이가 며칠만 그 게임을 하면 저보다 잘하거든요. 즉, 제가 더 이상 가르쳐 줄 필요가 없다는 말이지요.

오히려 거꾸로 제가 아이한테 게임 스킬을 배웁니다. 이럴 땐 확실히 태생 차이를 실감합니다. 다행히 아이 지도에는 아무 문제가 없고요. 아이가 부모와 교사에게 바라는 건 자신보다 게임 잘하는 유저가 아니거든요. 본인이 좋아하는 콘텐츠를 함께 좋아해 주는 어른이지요. 관련 대화는 술술 통할 정도면 됩니다. 끝까지 같이 놀아 줄 필요도 없어요. 어른이 성심성의껏 놀아 줘도 또래와 노는 재미만 못하거든요.

평화로운 유대 관계를 원한다면 서로의 다름을 인정하고 존중하기

부모와 자녀는 세대도, 태생도 다르기 때문에 서로가 노는 물,

즉 디지털 공간도 다릅니다. 이를 인정하고 서로의 다름을 존중할 때 그토록 바라던 평화가 찾아옵니다.

이러한 자세는 메타버스를 이용할 때도 필요합니다. 한 조사 결과에 의하면 세대별로 주로 찾는 메타버스 플랫폼이 다릅니다. 또한 메타버스 플랫폼을 즐기는 방식과 머무는 시간도 천차만별이지요. 한 예로 제가 상담한 40대 어머님은 10대 아들의 유튜브 소비 방식에 다음과 같은 의문을 제기하셨습니다.

"아이가 게임 방송을 즐겨 보는데요. 전 그게 도무지 이해가 안 돼요. 차라리 그 시간에 게임을 하지, 왜 남이 하는 걸 보면서 낄낄대는 걸까요?"

이럴 때, 부모는 어떤 지도법을 택해야 할까요? 뭐니 뭐니 해도 '존중'입니다. 아이가 주로 찾는 메타버스가 연령대에 맞고, 사용 시간이 적절하다면 그 선택을 존중해 주세요. 그럼 아이도 따라서 부모를 존중합니다. 도저히 존중할 상황이 아니라면 이 책의 3장과 4장을 읽어 보세요. 잘못된 습관을 바로잡고 올바른 디지털 루틴을 만드는 비법이 가득합니다.

4

이래야 '팽' 당하지 않는다! 메타버스 속 소통 문화

한 공간에 여러 나라 사람이 모여 있습니다. 잠시 후, 각자의 신상 정보는 모르지만 서로 친구가 되었네요. 심지어 10대부터 50대까지 다양한 나이대의 사람들이 함께 어울려 놉니다. 상상 속 이야기일까요? 아닙니다. 메타버스 세계에서는 자주 볼 수 있는 상황입니다. 메타버스 세계의 독특한 소통 문화이기도 하고요. 이걸 알면 사람들과 잘 어울려 지내는 인싸insider가 될 수 있고, 모르면 무리에서 겉도는 아싸outsider가 될 수도 있습니다.

알아 두면 쓸모 있는 메타버스 소통 문화

메타버스 속에는 특징적인 소통 문화가 있습니다. 크게 4가지로 나누어 살펴보겠습니다.

첫째, '후렌드'와 '다만추'입니다. 메타버스 안에서 게임이나 SNS를 할 때 누구나 친구가 되는 문화가 있는데요. 이를 '후렌드'라고 합니다. Who(누구)와 Friend(친구)의 합성어이지요. '다만추'는 다양한 경험과 삶의 만남을 추구하는 세대라는 뜻의 MZ세대 용어입니다. 두 단어 속에는 나이, 국적, 성별, 직업, 학연을 초월한 자유로움이 담겨 있습니다.

다만추 세대는 메타버스에서 누군가와 새로운 만남을 시작할 때 서로의 신상 정보를 묻지 않습니다. 소통만 잘된다면, 즐겁게 어울릴 수 있다면, 그걸로 충분하거든요. 덕분에 저도 로블록스 안에서 뛰어놉니다. 제 나이를 싹 다 잊어버리고 말이지요.

둘째, 아바타avatar를 이용한 적극적인 소통입니다. 아바타는 온라인에서 나를 대신하는 캐릭터를 말합니다. 10대들의 놀이터라고 불리는 제페토와 로블록스를 직접 해 보시면 알 수 있을 겁니다. 왜 우리 아이들이 아바타 꾸미기에 공을 들이고, 현질(온라인 게임의 유료 아이템을 현금을 주고 사는 것)까지도 하는지 말입니다. 그 세계에서는 아바타가 실제의 나와 같습니다. 또한 그렇게 인정해 주는 문화가 형성되어 있고요. 자녀 세대는 친구의 화려하고 멋진 아바타를 보면서 "실제 네 모습과 너무 다르잖아?"라고 비난하지 않습니다. 오히려 부러워하면서 따라 합니다.

한 예로, 부모님께 용돈을 받으면 그 돈을 전부 아바타를 꾸미는 데 쓰는 13세 여학생이 있었는데요. 그 사실을 알게 된 엄마가 저에게 푸념 섞인 질문을 했습니다.

"왜 자꾸 아바타에 돈을 쓰는지 모르겠어요. 그래 봤자 게임 캐릭터잖아요. 차라리 그 돈으로 진짜 옷을 사면 좋겠어요."

옳은 말씀입니다. 문제는 부모한테는 헛돈, 헛짓으로 보이지만, 자녀에게는 그럴 만한 투자 가치가 있는 씀씀이라는 겁니다. 제페토 속 아바타를 예로 들어 보겠습니다. 아이가 현실에서 명품 브랜드 구찌의 옷과 가방을 본인 용돈으로 살 수 있을까요? 어림없는 일이지요. 하지만 제페토에서는 가능합니다. 옷 구매가는 2,000원 내외이고, 가방은 8,800원 정도입니다(2022년 기준). 아이템을 구입하여 내 아바타를 멋지게 꾸미는 건 클릭 몇 번으로 가능합니다. 치장 효과 또한 즉시 나타나고요. 현실의 내가 이렇게 되려면 무진장 어려운데 말이지요.

셋째, 메타버스 사용자들은 다른 사람과 소통할 때 이미지와 영상을 적극적으로 이용합니다. 대표적으로 라이프로깅을 꼽을 수 있습니다. 인스타그램을 예로 들어 볼까요?

인스타그램은 사진 중심의 소셜미디어입니다. 팔로워 수를 늘리려면 인스타그램에 올릴 만한, 즉 '인스타그래머블'한 사진이 많아야 합니다. 눈길을 끄는 게시물이 많을수록 활발한 소통이 이루어지니까요. 따라서 적극적인 사용자들은 인스타그래머블한 순간이 오면 사진부터 찍고 봅니다. 사진의 품질을 높이는 필터와 편집 기능, 사진 보정 앱 사용은 필수이고요.

10대인 제 조카도 이런 사용자 중 한 명입니다. 조카와 함께 놀러 다니면 "이모! 잠깐만!"이라고 외칠 때가 많습니다. '찰칵'의 순간을 포착했으니 먹지 말고, 가지 말고, 잠시 기다리라는 말이지요. 이처럼 요즘 젊은 세대와의 소통은 쉬운 듯 어렵습니다. 허기진 배를 해결하는 것보다 SNS가 우선이니까요.

넷째, 메타버스에서는 빠른 피드백과 숫자로 소통이 이루어집니다. 예를 들어, 여러분이 페이스북에 글을, 인스타그램에 사진을, 유튜브에 영상을 올렸다고 칩시다. 올린 뒤에 어떤 마음이 들까요? 저는 이런 상황에서는 늘 두근두근합니다. '좋아요'를 몇 명이나 눌렀을까, 누가 댓글을 달았을까, 조회수는 몇일까 등등 계속해서 궁금해합니다. 그래서 한동안은 다른 사람들의 반응을 자주 확인하지요. 이럴 때 기대 이상으로 많은 반응이 있다면 저는 큰 보상이라도 받은 것처럼 행복합니다. 반대로 기대했던 것보다 반응이 없으면 내심 초조하고요. 이런 기분이 오래 가면 우울할 때도 있습니다. 나름 '강철 멘탈'이라고 자부하는 저조차도요.

명암이 존재하는 메타버스에서 현명하게 소통하는 방법

이러한 메타버스의 소통 문화에 대해 어떻게 생각하시나요? 저는 양날의 검과 같다고 생각합니다. 어떤 때는 새롭고 편리해서 좋다가도, 한순간에 피곤해지기도 합니다. 우리 아이들에게 미칠 영향력도 은근히 걱정되고요. 앞서 언급한 '후렌드'의 이면만 봐도 그렇습니다. '후렌드'가 추구하는 열린 마인드와 폭넓은 관계는 분명 좋은 점입니다. 하지만 온라인을 통한 휘발적인 만남과 관계에 만족하고 익숙해지면 어떻게 될까요? 현실 세계에서의 깊은 인간관계는 점점 어려워집니다.

익명 기반의 소통 문화도 생각해 볼 필요가 있습니다. 나의 이름이나 나이 등을 드러내지 않아도 되는 자유로움이 자칫 잘못하면 무례함과 폭력성으로 변질될 수 있습니다.

감정 표현을 깜찍한 이모티콘으로 대신하는 소통 문화도 양면적입니다. 때론 효율적이지만, 때론 오해를 낳습니다. 한 예로 같은 반 아이들끼리 다툼이 일어났는데, 그 이유가 바로 웃음 이모티콘 때문이었습니다. 한 아이가 속이 상한 친구를 위로하려고 웃음 이모티콘을 보냈는데, 상대방 친구는 이 이모티콘을 비웃음으로 오해한 것이지요.

이처럼 메타버스에는 그 세계만의 소통 문화와 방법이 존재합니다. 빛과 그림자처럼 순기능과 역기능이 동시에 작용하고요. 따라서 자녀에게 올바른 디지털 루틴을 만들어 주기 위해서는 먼저 메타버스의 문화적 특성과 장단점을 제대로 알고, 이해해야 합니다.

미국의 유명한 심리학자 데이비드 J. 리버만은 이런 말을 했습니다.

올바른 말을 선택하면
상황에 따른 상대방의 반작용을 실질적으로 감소시킬 수 있다.

이 말을 자녀와 함께 디지털 루틴을 만드는 상황에 적용해 볼까요? 아이를 지도할 때 올바른 말, 적절한 말을 선택하지 않으면 어떻게 될까요? 아이의 반작용, 즉 반항심이 커질 겁니다.

예를 들어, 메타버스 속 자녀의 언행이 이해되지 않을 때 "도대체 너는 왜 그러니?"라고 물으면 아이는 엇나갑니다. 그러지 말라고 하면 더할 거고요. 더 나아가 아이의 잘잘못을 따지고 들면 아이는 "이래서 엄마, 아빠랑은 말이 안 통해!"라고 불평하거나 대듭니다. 이러한 갈등과 충돌이 계속되면, 바른 디지털 루틴을 만드는 비법 100가지를 알아도 아무 소용이 없을 겁니다.

해답은 자녀 마음을 여는 '수용 화법'에 있습니다. 자녀의 말에 "아, 그렇구나! 그래서 그랬구나!"로 호응해 주는 것이지요. 그다음에는 적극적인 듣기로 소통의 깊이를 더하셔야 하고요. 물론 이것만으로 반항적인 자녀와의 소통이 술술 되지는 않습니다. 하지만 적어도 소통의 단절은 막아 줍니다. 수용 화법은 서로 다른 생각을 가진 부모와 자녀를 이어 주는 소통 코드거든요.

메타버스의 소통 문화를 이해하면, 자녀와의 소통에서도 올바른 말을 선택할 확률이 높습니다. '이렇게 소통하면 될까? 안 될까?' 주저하지 마시고, 일단 이해의 자세를 취해 보세요. 자녀의 말을 주의 깊게 듣다가 "그렇구나!"라는 말로 수용의 대화를 이어 나가고요. 입에 배지 않아 그렇지, 간단하고 쉽습니다. 이러한 대화가 쌓이다 보면, 공존의 메타버스로 가는 소통의 문이 열립니다.

알면 알수록 유익하다! 메타버스의 특성

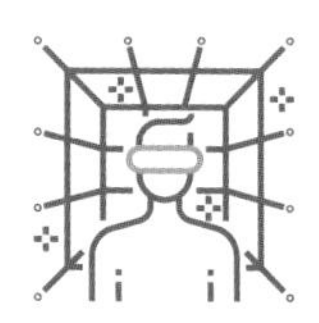

아이들에게 메타버스의 특성을 빠르게 이해시키는 방법은 무엇일까요? 바로 그 연령대 아이들이 주로 하는 가상세계 플랫폼을 예로 드는 겁니다. 아이들은 자신이 좋아하는 게임 이야기가 나오면 절로 수다쟁이가 되거든요. 대화의 꽃을 피우다 보면 메타버스의 특성을 자연스럽게 알게 되고요. 예를 들어 볼게요.

초등학생 2학년부터 6학년까지, 8명이 한자리에 모였습니다. 로블록스, 마인크래프트, 포켓몬 GO로 말문을 열었더니 재잘재잘 수다를 떨기 시작했습니다. 모두 '게임' 하면 눈이 번쩍 뜨이는 아이들이었거든요. 그중 2학년 남학생이 이런 질문을 했습니다.

"선생님! '무한의 계단'도 메타버스 게임인가요?"

"그건 메타버스가 아니고 그냥 모바일 게임이지."

"왜요?"

'왜'라는 질문이 참 반가웠습니다. 그동안 제가 "이러한 게임들이 메타버스예요!"라고 소개하면 대다수가 그대로 받아들였거든요. 사실 한 번쯤은 '왜 이 게임은 메타버스인데, 저 게임은 아니지?'라고 궁금해할 것 같기도 한데 말이지요.

갑자기 여러분도 궁금하시지요? 답은 바로 메타버스의 특성에 있습니다.

배울수록 재미있는 메타버스의 특성

특성 하나! 현실 세계와 같은 '사회 활동'이 이루어지는가?

메타버스 게임이 되려면, 하나의 메타버스 플랫폼에 여러 사용자가 동시에 접속하여 활동하고, 상호작용을 할 수 있어야 합니다. 대표적인 메타버스 게임인 마인크래프트를 예로 들어 볼게요.

마인크래프트는 아이들 사이에선 일명 '마크'로 통하는 샌드박스 게임sandbox game입니다. 샌드박스 게임이란 모래놀이처럼 높은 자유도를 기반으로 유저가 자유롭게 플레이 패턴을 바꿀 수 있

❶ 무한의 계단 게임 화면 (출처-㈜엔플라이스튜디오)
❷ 마인크래프트 시작 화면 (출처-Mojang studios)
❸ 마인크래프트 속 '내 월드'에 만든 집과 정원 (출처-Mojang studios)

는 게임인데요. 네모난 블록으로 이루어진 3차원 세계 속에서 모험을 즐기는 재미가 쏠쏠합니다. 이 게임의 판매량은 2억 3,000만 장 이상으로, 단일 게임으로는 역대 가장 많이 팔린 게임입니다(2021년 기준). 사용자는 무려 1억 4,000만 명이 넘습니다. 늘 2,000명이 넘는 유저가 동시에 접속하여 게임을 즐기고 있고요. 규모가 상당히 크지요? 그만큼 재미있다는 이야기입니다.

앞서 말한 무한의 계단도 나름 재미있습니다. 다만 아케이드 게임arcade game이라서 여럿이 동시에 함께하는 멀티 플레이multiplay는 안 되지요. 아케이드 게임은 전자오락실처럼 특정한 장소에서 돈을 지불하고 플레이하는 게임을 뜻합니다. 무한의 계단은 모바일 아케이드 게임으로, 정상을 향해 신나게 계단을 올라가다가 계단에서 뚝 떨어지면 게임 오버입니다. 게임 방법이 단순하지요? 그래서인지 주로 어린이들이 좋아합니다.

이 게임은 귀여운 펫과 함께 계단을 올라가면서 다양한 미션을 수행하고, 퀴즈를 푸는데요. 메타버스의 특성 중 하나인 '동시 접속한 유저들과의 상호작용에서 일어나는 사회화'가 없습니다. 메타버스 게임과 그냥 게임의 차이, 이제 아시겠지요?

특성 둘! 현실 세계와 같은 '경제 활동'이 가능한가?

게임형 메타버스 중에는 핫한 샌드박스 게임 로블록스가 있습니다. 로블록스는 기존 샌드박스 게임과는 다르게 '경제성'이 있습니다.

로블록스에는 로벅스Robox라는 가상화폐가 있는데요. 놀랍게도 이 게임은 수익 창출로 10만 로벅스를 모으면, 개발자 환전 프로그램 'DevEx'를 통해 실제 화폐 약 350달러로 바꿀 수 있습니다. 게임 속에서 현금 인출 버튼을 눌렀는데, 현실 세계 통장 계좌로 현금이 입금되다니, 솔깃하지요? 더 놀라운 건 로블록스 이용자가 곧 개발자라는 점입니다. 로블록스 안에는 5,000만 개 이상의 게임이 있는데요. 그중에는 사용자가 직접 게임을 제작한 유저 참여형 콘텐츠UGC, User Generated Content가 많습니다.

물론 사용자가 자신이 개발한 게임에서 발생한 수익을 현금화하려면 번거로운 절차를 밟아야 합니다. 까다로운 자격 요건도 충족해야 하고요. 많은 시간과 재능 투자, 그리고 홍보비도 필요합니다. 그런데도 2020년 한 해 동안 개발자 127만여 명의 평균 수익이 1만 달러, 상위 300명은 10만 달러였다고 하니 눈여겨볼 만하지요?

이러한 자체 화폐 시스템은 다른 메타버스 플랫폼에도 있습니다. 제페토는 젬ZEM, 포트나이트는 브이벅스V-Bucks라는 자체 가상 화폐가 있습니다. 이 중 젬은 로벅스처럼 환전이 됩니다. 단, 제페토 크리에이터가 되어 번 젬만 가능하지요. 참고로 5,000젬은 약 100달러입니다(2022년 기준). 브이벅스는 현재까지 환전되지 않습니다. 포크리 모드 내에서 제작한 창작물을 통해 수익을 내고 거래하는 가상 경제 활동은 지원되지만요.

이처럼 로블록스, 제페토, 포트나이트 등의 게임은 메타버스의 특성 중 하나인 경제 활동이 활발히 일어납니다.

특성 셋! 현실 세계와 같은 '문화 활동'을 할 수 있는가?

2020년 9월 26일, 세계적인 그룹이 된 BTS가 신곡 '다이너마이트'의 안무 버전 뮤직비디오를 공개했습니다. 세계 최대 규모의 비디오 플랫폼 유튜브에서였을까요? 아니면 음악 전문 채널 MTV나 Mnet이었을까요? 놀랍게도 맨 처음 공개한 곳은 바로 포트나이트입니다.

포트나이트 게임 속에는 파티로얄Party Royale이라는 모드가 있습니다. 파티로얄은 싸움이 금지된 평화 지대로, 유저들이 함께 어울리면서 휴식하는 공간입니다. 스포츠 활동, 공연 관람, 다양한 파티와 라이브 이벤트 등을 즐길 수 있습니다. 이곳에서는 현실 세계와 연동된 공연이 종종 열리기도 합니다.

이런 현상을 보고 "누가 게임 속에서 공연을 보겠어요? 공연은 현장에서 봐야 제맛인데!"라고 외치던 어느 학부모님도 계셨습니다. 여러분도 이분과 같은 생각인가요?

결과를 말씀드리면 대성공이었습니다. 포트나이트에서 열린 DJ 마시멜로의 콘서트에는 약 1,070만 명이, 힙합 뮤지션 트래비스 스콧의 콘서트에는 약 2,770만 명의 관객이 참가했습니다. 2020년 11월, 로블록스에서 진행된 인기 가수 릴 나스 엑스의 신곡 발표 가상 콘서트에는 무려 3,600만여 명이 접속했답니다. 걸그룹 블랙핑크는 제페토에서 가상 팬 사인회를 열었는데, 자그마치 4,600만여 명이 모였습니다.

엄청난 수치지요? 실재감은 덜하지만 재미와 감동은 현실 세계 못지않습니다. 3차원 가상세계 안에서 아바타로 만난다는 차이가 있을 뿐이지요.

특성 넷! 현실 세계와 같은 '실재감'을 줄 수 있는가?

메타버스 세계에서는 실재감이 중요합니다. 실제 세계에 있는 듯한 몰입감이 사용자들을 더 많이 불러 모으니까요. 따라서 공간적 실재감을 선사하는 제품인 VR 기기나 AR 기기가 적극 활용됩니다. 내가 진짜 그 세계 속 주인공이 된 것 같은 치밀한 스토리도 기기 못지않게 중요하지요.

저는 야외 집단 상담 때 아이들과 VR 체험존에 종종 가는데요. VR 기기 착용 과정이 번거롭긴 하지만 실재적 재미가 있습니다. 거대한 공룡이나 흉측한 좀비랑 싸울 땐 긴장감이 상승하고요. 도심 속을 날아다닐 땐 스릴감이 넘칩니다.

요즘은 메타에서 개발한 VR 기기 메타 퀘스트2Meta Quest2를 이용해 집에서 VR 게임을 즐기는 분도 많습니다. 갈수록 AR/VR 기술을 접하는 가정이 늘어날 전망이지요. 이 기술을 활용하는 분야는 게임 산업 외에도 제조업, 교육, 의료, 엔터테인먼트, 군사 및 재난 대응 훈련 등 매우 다양합니다.

지금까지 메타버스의 개념, 유형, 소통 문화, 특성 등을 살펴보았습니다. 이제는 메타버스가 전보다 가깝게 느껴지시나요? 그렇다면 이제 우리 아이들을 만날 준비가 되었습니다. 디지털 루틴을 만들 뼈대도 갖췄습니다. 메타버스를 누비는 우리 아이들의 실상 속으로 함께 떠나 볼까요?

METAVERSE
METAVERSE
METAVERSE
METAVERSE

똑똑한 지도법 둘

알고 나니 보인다! 메타버스를 누비는 아이의 특성과 심리

분명 같은 곳에서 같은 언어를 쓰며 함께 사는데, 아이가 외계인처럼 느껴질 때가 있습니다. 그런 일이 반복되면 '이해 불가 + 소통 불가 = 자식 키우기 정말 힘들다'라는 양육 공식이 생겨나지요. 이 문제의 돌파구는 바로 디지털 네이티브의 실상에 있습니다. 요즘 아이들의 실태를 알면 올바른 디지털 루틴을 만들고 적용하는 데 꼭 필요한 '혜안(慧眼)'을 갖게 됩니다.

'온클 폭발'을 외친 포노 사피엔스 자녀의 속마음

'뉴노멀new normal시대[10]가 왔다! 뉴노멀시대를 대비하라!'

메타버스만큼이나 언론에 자주 등장하는 말입니다. 저도 질세라 강의 때 이 표현을 썼더니 한 아이가 이렇게 묻더군요.

"어른들은 왜 이렇게 새로운 단어 만드는 걸 좋아해요? 우린 관심 없는데."

시비일까요? 아닙니다. 요즘 아이다운 솔직한 표현입니다. 사실 현장 교육 때 아이들과 이야기를 나눠 보면 본인들이 포노 사피엔스인 줄 모르는 아이들이 수두룩합니다. 그 의미를 알려 줘도 대부분 그러거나 말거나 심드렁한 반응이고요.

아이들 입장에서 생각해 보면 그럴 만합니다. 말로는 '포노 사피엔스가 세상을 이끈다!', '너희가 인류 문명의 기준을 바꾸고 새로운 생태계를 만드는 주역이다!'라고 추켜세워 줍니다. 하지만 현실은 이와 정반대로 흘러가지요. 신문명을 리드하기는커녕 부모의 지시에 따라야 합니다. 스마트폰 사용 시간이 길어지면 '그만 좀 해!'라는 잔소리를 듣고요. 걸핏하면 폰압(휴대폰 압수의 준말)을 당하기 일쑤입니다.

그런데 부모 입장에서는 그럴 수밖에 없습니다. 이제는 생필품이 된 스마트폰, 제 할 일 하고 적당히 사용하면 왜 통제를 하겠어요? 온종일 스마트폰만 하니까 그러는 것이지요. 특히나 요즘 같은 뉴노멀시대에, 새로운 기준이 새로운 일상을 만든다는 혁신의 시대에, 아무 생각 없이 스마트폰 삼매경에 빠져 있으니 부모는 절로 한숨이 나옵니다. 아이 미래가 심히 걱정되고요.

그런데 어쩌다 포노 사피엔스가 된 우리 아이들, 정말 아무 생각이 없을까요? 결론부터 말씀드리면 아닙니다! 나름의 생각이 다 있습니다. 코로나19 이후에 달라진 일상의 변화도 다 알고 있습니다. 단지 그 반응이 아이다울 뿐입니다. 때론 엉뚱하기도 하고요. 여러분의 이해를 돕기 위해 초등 고학년 학생들과 나눈 대화 일부를 소개하겠습니다.

4학년부터 6학년까지, 총 50명의 학생이 제 수업을 듣기 위해

모였습니다. 저는 아이들에게 코로나19 이전과 이후에 생활이 달라졌는지, 달라졌다면 어떤 점이 다른지 물었습니다. 그랬더니 여기저기서 답변이 쏟아졌습니다.

"계정이 많아졌어요."

"인터넷이랑 스마트폰 사용 시간이 늘어났어요."

"음식을 많이 시켜 먹어요."

"온라인 쇼핑을 많이 해요."

"마스크를 계속 썼더니 답답해요."

"온클이 폭발했으면 좋겠어요."

순간, 모두의 시선이 '온클(온라인 클래스의 준말) 폭발'을 외친 5학년 남학생에게 쏠렸습니다. 이내 "맞아! 맞아!"라는 공감 반응이 더해졌고요.

여러분도 '온클 폭발'을 외친 아이의 마음이 이해되시나요? 얼마나 온라인 수업이 지겹고 사회적 거리 두기에 지쳤으면 온클 폭발을 바랄까요?

디지털 교육으로의 대전환! 저는 이것이 우리 아이들의 삶에 큰 영향을 미친 '뉴노멀'이라고 생각합니다. 2020년은 아이들에게 특별한 해로 기억될 테고요. 아이들은 태어나서 처음으로 온라인 입학, 온라인 개학, 온라인 수업, 온라인 졸업을 경험했습니다. 그 과정에서 아이들의 사회성 발달은 어려워졌지만, 교육의 디지털 전환은 가속화되었죠.

교육education과 기술technology의 합성어인 에듀테크EduTech 시장 또한 급속도로 성장했습니다. 일장일단(一長一短)이 있는 변화의 물결입니다. 미래 교육이 첨단 디지털 기술과 과학이 주도하는 쪽으로 가고 있는 점을 생각하면 '위기가 곧 기회'라는 말이 들어맞을 것 같습니다. 그러나 아이들의 입장은 어떨까요? 코로나19 때문에 갑작스럽게 이루어진 비대면 온라인 교육이 아이들에겐 썩 달갑지 않았을 것 같습니다.

과연 포노 사피엔스 자녀들은 요즘 시류를 잘 따라가고 있을까요? 감정 상태는 행복과 불행 중 어느 쪽일까요? 스마트폰과 메타버스, 정신 건강에 관한 여러 조사 결과를 토대로 알아보겠습니다.

요즘 포노 사피엔스 자녀들, '이것'이 증가했다던데 괜찮을까?

핵심 키워드부터 소개하면 인터넷, 스마트폰, 메타버스, 우울, 불안입니다. 이를 문장화하면 다음과 같습니다.

- 시대적 흐름을 따라가느라 스마트폰 사용 시간과 메타버스 플랫폼 이용 횟수가 늘어났다.
- 코로나19 이전에 비해 아이들의 우울감과 불안감이 커졌다.

두 가지 결론 모두 교육과 상담 현장에서 만난 아이들을 관찰할 때마다 느낀 점입니다. 실제로도 그러한지 궁금해서 자료를 찾아봤더니 뒷받침될 만한 조사 결과가 있었습니다. 바로 교육부에서 실시한 '2022년 학생 정신 건강 실태 조사' 결과입니다.

▶ 코로나19 이후 인터넷과 스마트폰 사용 시간 변화 단위 : %(명)

구분	줄었다	변화 없다	늘었다	계
초저	0.6 (1,032)	15.9 (25,702)	83.5 (134,919)	100.0 (161,653)
초고	1.5 (708)	19.7 (9,588)	78.8 (38,269)	100.0 (48,565)
중	2.1 (1,698)	35.8 (28,542)	62.1 (49,640)	100.0 (79,880)
고	1.9 (992)	41.2 (21,126)	56.9 (29,196)	100.0 (51,314)
계	1.3 (4,430)	24.9 (84,958)	73.8 (252,024)	100.0 (341,412)

출처-교육부, 조사 기간 : 2022년 2월 11~19일, 조사 대상 : 초중고 학생 341,412명

코로나19 이후 인터넷·스마트폰 사용 시간이 늘었다고 답한 비율이 매우 높습니다. 특히 초등학생들의 변화가 가장 큽니다.

다음은 아이들 정신 건강과 관련된 자료입니다.

▶ 2022년 학생 정신 건강 실태 조사

단위 : %(명)

구분	코로나 이전보다 우울해졌다			코로나 이전보다 불안해졌다		
	아니다	모름	그렇다	아니다	모름	그렇다
초저	57.3 (92,590)	17.3 (28,037)	25.4 (41,026)	63.4 (102,398)	12.8 (20,764)	23.8 (38,491)
초고	42.7 (20,759)	24.9 (12,084)	32.4 (15,722)	46.6 (22,664)	18.6 (9,019)	34.8 (16,882)
계	53.9 (113,349)	19.1 (40,121)	27.0 (56,748)	59.5 (125,062)	14.2 (29,783)	26.3 (55,373)

구분	우울		불안	
	중등도 미만*	중등도 이상**	중등도 미만*	중등도 이상**
중	89.4 (71,406)	10.6 (8,474)	94.0 (75,066)	6.0 (4,814)
고	85.3 (43,773)	14.7 (7,541)	91.5 (46,976)	8.5 (4,338)
계	87.8 (115,179)	12.2 (16,015)	93.0 (122,042)	7.0 (9,152)

*지난 2주일 동안 우울 · 불안을 느끼지 않았거나 며칠간 느낌 **지난 2주일 동안 7일 이상 느낌

출처-교육부, 조사 기간 : 2022년 2월 11~19일, 조사 대상 : 초중고 학생 341,412명

다행히 코로나19 이전보다 우울하거나 불안하지 않다는 응답이 더 많습니다. 그렇지만 코로나19 이후 우울감과 불안감이 커진 초등학생도 30%에 육박합니다. 중학생 중 10.6%, 고등학생 중 14.7%는 2주일 동안 7일 이상 우울한 감정을 느꼈다고 합니다. 이 밖에도 코로나 우울을 경험한 아이들이 늘고 있다는 기사나 통계 자료들이 많습니다. 이는 곧 우리 아이들의 정신 건강에 빨간불이 켜졌음을 의미합니다.

물론 단계적 일상 회복 국면으로 접어들었으니 차차 나아질 겁니다. 그래야만 하고요. 하지만 안도하기엔 이릅니다. 코로나19 대유행의 후유증이 이제 본격적으로 나타나고 있기 때문인데요.

대책 없는 낙관도, 비관도 하지 마세요! 감사하게도 우리 아이들은 신기술, 신문명, 신문화에 대한 적응력이 빠릅니다. 역경과 고난을 극복하고 원래의 안정된 심리 상태를 되찾는 능력인 '회복탄력성' 또한 지녔습니다. 이건 20년 동안 아이들을 가르치면서 얻은 산지식입니다.

단, 아이 혼자 저절로 좋아지지 않습니다. 우리 어른들의 도움이 필요합니다. 그중 부모의 역할은 올바른 메타버스 사용법을 아이에게 알려 주고 반복적인 실천을 돕는 것입니다. 그러면 좋은 디지털 루틴이 자연스럽게 만들어집니다. 즉, 아이가 메타버스를 사용할 때 유익한 방법을 정해 놓고 그 순서대로 진행한다는 것이지요. 이 조언이 현실화되면 앞에 나온 문제 상황들이 이렇게 해결됩니다.

- 포노 사피엔스 자녀가 스마트폰과 메타버스 플랫폼을 적당하게 이용한다.
- 포노 사피엔스 자녀의 정신 건강에 초록불이 켜진다.

못 믿으시겠다고요? 이 책을 끝까지 읽고 실천해 보세요! 의구심이 '완독하길 잘했다!'로 바뀝니다.

2

메타버스가 뭔지는 몰라도, 이용은 기가 막히게 잘하는 아이들

어린 자녀를 둔 부모님께 자주 듣는 말이 있습니다.

"선생님! 저희 애가 IT 쪽에 소질이 있나 봐요!"

"오! 그래요? 왜 그렇게 생각하세요?"

"아니 글쎄, 누가 가르쳐 준 것도 아닌데 스마트폰 조작을 너무 잘해요."

아무거나 막 눌러 보다가 우연히 터득한 기술이겠지만 웃으면서 넘어갑니다. 때론 진짜일 수도 있고, 공감이 가기도 해서요. 저도 종종 그런 경이로움을 경험합니다. 요즘 아이들은 스마트 기기 사용법을 대충 알려 줘도 그들만의 방식으로 잘 사용합니다. 디지털 네이티브는 어른들보다 디지털 미디어를 사용하는 감과 활용 능력이 좋거든요. 메타버스 플랫폼 이용도 기성세대보다 능숙하고요.

괜한 칭찬 같다고요? 지금 바로 아이와 함께 메타버스 세계를 경험해 보세요! 개개인의 차이는 있겠지만 아이의 잠재 능력을 실감하실 겁니다. 간접 경험을 원하시는 분은 제 사례를 참고해 주시고요.

저는 평소에 메타버스의 4가지 유형을 모두 합니다. 각종 SNS, 게임, 화상회의 플랫폼, 그리고 배달 앱으로 음식을 주문하는 것까지요. 얼핏 보면 신세대 같습니다. 실은 '생계유지를 위해!', '요즘 아이들에게 뒤처지면 안 되니까!'라는 절박함이 저를 열혈 사용자로 만들었습니다.

열심히 사용해 본 결과를 말씀드리면, 라이프로깅과 거울세계는 아이들과 실력을 겨룰 만합니다. 실시간 강의 플랫폼인 줌처럼 제가 더 잘하는 것도 있어 가끔은 으쓱하고요. 반면에, 증강현실과 가상세계는 백기를 들었습니다. 예를 들어 인기 게임 로블록스를 저도 해 봤는데요. 시작부터 난항입니다. 아바타는 제 의지랑 따로 놀고, 비교적 쉬운 게임도 제자리걸음입니다. 그사이 아이는 벌써 고렙(高level의 준말)의 경지에 이르렀는데 말이죠.

요즘 아이들의 이런 능력, 부러우신가요? 아니면 걱정되시나요? 저는 여기서 한 가지 의문이 들었습니다.

'메타버스가 뭔지도 모르면서 이용은 어쩜 이리도 잘하지? 메타버스 네이티브라서 그런가?'

그 이유가 궁금해 요즘 아이들을 주의 깊게 관찰했습니다. 그 결과, 태생 이상의 것들이 있었습니다.

온 마음을 다해 즐기고 공유하는 메타버스 네이티브

천재는 노력하는 사람을 이길 수 없고,

노력하는 사람은 즐기는 사람을 이길 수 없다.

익숙한 명언이죠? 독일 심리치료사 롤프 메르클레가 한 말인데, 이는 메타버스 네이티브 세대에게도 해당됩니다. 그들은 메타버스를 공부하듯이 알아 가는 게 아니라 놀이처럼 즐깁니다. '이거다!' 싶은 플랫폼을 발견하면 시간과 노력을 아낌없이 투자합니다. 게다가 신기술과 유행에 민감합니다. 새롭고 재미있고 핫한 것이 나오면 망설이지 않고 일단 하고 봅니다. 그중 하나가 메타버스입니다. 메타버스 안에는 재미난 콘텐츠가 즐비하고, 보상과 자극이 가득하거든요.

여기서 끝이 아닙니다. 요즘 아이들이 메타버스에 능통한 이유! 바로 실시간 정보 공유 능력인데요. 궁금한 정보가 생기면 각종 지식 공유 플랫폼에서 필요한 정보를 얻습니다. 이를 복제하여 전 세계 포노 사피엔스들에게 실시간으로 확산하기도 하고요. 즉, 이들은 초연결성을 기반으로 한 공생의 생태계를 갖고 있습니다. 서로의 관심사를 공유하고 정보를 나누면서 메타버스 이용을 돕고 성장을 도모하지요.

메타버스 네이티브와 사이좋은 부모가 되고 싶다면

메타버스 네이티브 세대와 잘 지내고 싶으신가요? 그렇다면 메타버스 속 아이를 억지로 끌어내지 마세요! 지나친 통제로 아이가 부모에게 역심을 품는 순간, 꼼수를 쓰기 시작합니다. 아이의 인성이 나빠서가 아닙니다. 어마어마한 정보를 소유한 지식 공유 플랫폼에 원하는 정보를 검색하면 다 알 수 있거든요.

부모 모르게 몰컴(몰래 컴퓨터 하기의 준말)과 몰폰(몰래 폰 하기의 준말)을 하는 법부터 공신폰(인터넷, 게임 등 공부에 방해가 되는 기능은 없는 폰) 뚫는 법, 시간 관리 앱을 초기화하는 법, 사용 시간을 조작하는 법까지 별별 정보를 다 알 수 있습니다. 이 말은 곧 아이가 마음만 먹으면 부모를 얼마든지 속일 수 있다는 뜻입니다.

우리 아이는 아니라고요? 그렇게 말할 수 있는 때가 행복한 때입니다. 올바른 디지털 루틴을 통해 좋은 생활 습관을 형성해 줘야 할 때입니다. 계속 무방비 상태로 있으면 이런 하소연이 터져 나올 수도 있습니다.

"아이 상태가 심각한데, 어떻게 해야 하나요?"

위 이야기가 우리 집 상황인 분들은 지금부터라도 적절한 지도를 시작하세요. 아이들은 모두 잘 갈고닦으면 찬란한 보석과 같다고 하잖아요? 늦지 않았습니다. 일단 아이의 마음부터 얻으세요! 이것이 원석 같은 아이를 연마하는 첫 번째 비결입니다. 구체적인 행동 요령은 다음과 같습니다.

1. 아이의 관심사가 무엇인지 알아내기
2. 아이의 관심사를 탐구하기
3. 함께 좋아하기

위 방법을 실행하면 아이 마음이 스르르 열리기 시작합니다. 비로소 아이가 어떤 콘텐츠를 좋아하고 잘하는지, 하루에 얼마나 하는지, 바르게 사용하고 있는지, 어떤 생각을 품고 있는지 알게 됩니다.

아이에게 '내 편' 같은 부모가 된 뒤에 할 일은 이 책의 3~5장에 있습니다. 아이의 기질과 성향에 맞는 방법을 골라 적용해 보세요. 참고로 저는 직업상 아이들과의 라포 형성이 필수라서 항상 위 3가지 방법들을 썼습니다. 성공률은 95% 이상이었지요. 메타버스 네이티브인 자녀와 친근한 사이가 되고 싶으신가요? 그렇다면 여러분도 시도해 보세요! 밑져도 본전 그 이상입니다.

3

우리 아이는 메타버스에 열광하는 타입일까?

스마트폰에 푹 빠진 아이를 볼 때, 어떤 생각이 드세요? 솔직히 고백하면 저는 걱정될 때가 많습니다. 대다수 부모님도 그럴 거라 생각되고요.

이성은 '스마트폰의 긍정성을 봐야지!'라고 생각하는데, 자꾸 부작용이 먼저 보입니다. 아들 녀석이 스마트폰을 하느라 학습을 게을리하면 갑자기 공부의 적은 스마트폰이 되고요. 따지고 보면 스마트폰만의 문제는 아닌데 말입니다. 입시 위주의 공교육 탓도 있고, 유독 스마트폰을 좋아하는 아들의 특성도 작용한 것이지요.

이 대목에서 어떤 분은 '무슨 특성?'이라는 궁금증이, 어떤 분은 '갑자기 웬 스마트폰 이야기?'라고 의아해하셨을 텐데요. 메타버스와 스마트폰은 밀접한 관련이 있습니다. 메타버스는 인터넷 연결을 기반으로 합니다. 다중 사용자가 언제 어디서나 메타버스에 접속하려면 스마트폰이 안성맞춤이지요.

물론 스마트폰 말고 다른 기기도 있습니다. 하지만 아이들은 주로 스마트폰을 이용해 메타버스를 만납니다. 즉, 스마트폰과 메타버스는 불가분의 관계입니다.

아이가 메타버스에 빠지면 '스마트폰 과의존'이 되기 쉬운 이유

아래 메타버스와 스마트폰의 연관성에 대한 문제를 풀어 보세요.

Q1. 스마트폰에 열광하는 아이는 메타버스에도 열광할까요?

A1. 그런 아이도 있고, 아닌 아이도 있습니다.

Q2. 메타버스에 몰입하다가 인터넷·스마트폰 과의존이 되기도 할까요?

A2. 그럴 가능성이 높습니다.

그 이유를 조목조목 알려 드리겠습니다. 아이는 아침에 일어나

잠들 때까지 스마트폰으로 다양한 활동을 합니다. 그중에서 게임, SNS, 동영상, 웹툰 등을 많이 이용하는데, 선택의 기준이 무엇일까요? 바로 재미입니다. 재미의 유무를 결정하는 건 각자의 취향이고요. 제 주위의 아이들만 봐도 그렇습니다. 그 재미난 로블록스 게임이 별로라는 아이가 여러 명 됩니다. 스마트폰을 끼고 살다시피 하지만, 메타버스에는 무관심한 아이도 있고요.

그런데 왜 메타버스에 빠진 아이들은 인터넷·스마트폰 과의존이 될 가능성이 높을까요? 단지 스마트폰을 많이 사용해서일까요? 이는 사용량 외에 '가상세계 지향성'이 미친 영향력 때문입니다. 가상세계 지향성이란 대인 관계를 맺을 때, 현실에서의 대면 관계보다 가상세계에서의 관계를 더 즐겁고 편안하게 느끼는 상태를 말하는데요. 이런 상태를 지속하기 좋은 최적의 가상공간이 메타버스입니다. 그러다가 메타버스에 오래 머무는 습관이 생기면, 현실 세계의 적응력은 떨어지고 스마트폰 의존도는 올라가지요.

메타버스에 입성한 아이를 위해 점검해야 할 것

만약 아이의 인터넷·스마트폰 과의존이 염려된다면, 메타버스에 진출한 아이의 몰입 정도를 살펴봐야 합니다. 이때, 주의할 점은 메타버스에 머무는 시간으로 아이 상태를 판단하면 안 됩니다. 혹시 뜨끔하셨나요? 괜찮습니다. 대다수 부모님이 그러십니다. 메타버스 이용 시간이 하루 1시간이면 괜찮고, 5시간이면 중독이라고 생각합니다. 아이는 하루 2시간밖에 못 한다고 아우성인데, 부모는 매일 2시간씩이나 한다고 걱정하지요.

아이가 메타버스에 얼마나 몰입해 있는지 파악하려면, 사용 시간 외 요인들을 종합적으로 살펴야 합니다. 동갑내기 A, B, C의 메타버스 사용 패턴을 예로 들어 볼게요.

- A : 하루 사용 시간을 최대 5시간으로 정해 놓고 그 시간을 지킨다.
- B : 1시간만 하려고 했는데 3시간을 해 버렸다.
- C : 약속한 1시간을 지키고 사용을 종료했다. 그러나 그 뒤로 머릿속에 메타버스 게임이 계속 생각나서 다른 활동에 집중을 못 했다.

위 학생 중 누가 메타버스 과의존일까요? 사용 시간만 놓고 보면 A 같지요? 하지만 정답은 B와 C입니다. 과의존 여부를 진단할 때 현저성 증가, 이용 조절력 감소, 문제적 결과 여부를 함께 살펴야 하거든요.

이를 사례에 대입하면 B는 자율적 조절 능력이 떨어집니다. C

는 메타버스 생각을 떨치지 못하는 현저성이 있습니다. 물론 A도 메타버스 과의존에서 자유롭지 못합니다. 어쩌다 5시간은 괜찮지만 매일 5시간씩 하면 일상생활에 지장이 생기거든요. 알게 모르게 몸과 마음에 문제가 발생할 수도 있고요.

따라서 아이의 현 상태를 판단할 땐 다각적 잣대가 필요합니다. 단, 정확한 진단은 전문가의 몫입니다. 부모님은 선부른 판단으로 아이를 중독자 취급만 안 하셔도 좋습니다. "공부에 열광하는 건 되고, 메타버스는 안 돼!"와 같은 고루한 잣대를 내세우지 않으면 더욱 멋지시고요.

메타버스에 열광할 줄 아는 아이가 공부도, 메타버스도 다 싫은 무기력한 아이보다 낫습니다. 열정적인 에너지로 메타버스 안을 질주하다 보면 운용 능력이 생기거든요. 계속하다 보면 적성에 맞는 미래 신직업을 발견할 수도 있습니다.

때론 부작용을 온몸으로 경험하겠지만 괜찮습니다. 바른 디지털 루틴을 생활화하면 좋아지니까요. 지나친 열광에는 자기통제력이 특효약인데, 3장과 4장에 관련 비법이 있습니다. 이와 더불어 우리 아이가 메타버스를 좋아할 만한 타입인지 아닌지 궁금한 분은 다음의 체크리스트를 아이와 함께 작성해 보세요. 부모는 자녀 이해 능력이 한 단계 올라가고, 아이는 자기 인식 능력이 올라갈 겁니다.

흥미로운 체크리스트

나는 메타버스에 열광하는 타입일까?

다음 문항을 읽고, 해당되는 내용의 네모 칸에 √표시를 해 보세요. 체크한 개수가 많을수록 메타버스를 좋아하고, 적극적으로 이용하는 열혈 사용자입니다.

□ 꾸준히 이용하는 메타버스 플랫폼이 5개 이상이다.

□ AR 기술, VR 기기에 관심이 많고 좋아한다.

□ SNS 활동을 자주 즐기는 편이다.

□ 찾고 싶은 정보가 있으면 유튜브나 포털 사이트에서 검색해 본다.

□ 오프라인 수업보다 온라인 수업이 편하고 좋다.

□ 메타버스 안에서 이루어지는 유저 간 상호작용을 좋아한다.

□ 아바타 꾸미기에 공을 들인다.

□ 희망하는 진로가 ICTInformation and Communication Technologies와 관계있다.

□ 커뮤니티형 가상세계가 성향에 맞다.

□ 새로운 세계를 탐험하는 것을 좋아한다.

□ 모험, 재미, 자극, 보상을 추구하는 성격이다.

□ 개인의 자아를 아바타로 대변하고 표현하는 문화를 즐긴다.

□ 대면 활동보다 비대면 활동을 더 선호한다.

*위 체크리스트 항목과 결과는 메타버스를 좋아하는 아이들의 특성, 메타버스의 특성과 핵심 요소를 토대로 저자가 만든 것입니다. 전적으로 신뢰하기보다는 참고 자료로 활용하세요.

기존의 왕따 문화마저 바꾼 메타버스 속 아이들

한 초등학교에서 제게 상담을 요청해 왔습니다. 상담 내용을 간추려 소개하면 다음과 같습니다.

"2학년 김영수(가명)라는 아인데요. 밤새 게임을 하느라 지각과 결석을 자주 해요. 반에서 왕따를 당하는 것도 같고요."

저는 학교를 방문해 영수를 만났습니다. 영수의 졸린 눈, 시무룩한 표정, 기운 없는 자세에서 상담에 대한 거부감이 느껴졌지요. 그 마음을 공감해 주면서 어색한 순간을 넘겼습니다. 상담 초반에 흔하게 겪는 일이니까요. 탐색의 질문 대신 영수가 좋아할 만한 놀이를 제안했습니다. 한참을 어울려 놀고 나니 영수의 상담 태도가 달라지더군요. 제 질문에 곧잘 대답해 줄 정도로요.

"영수야, 학교에 친한 친구가 있니?"

"아뇨, 없어요."

"그래? 그럼 동네에서는?"

"없는데요."

"그렇구나! 친구가 없어서 외롭겠다. 심심하고."

"아뇨, 저 괜찮은데요? 저 친구 대따 많아요."

"친구가 많다고?"

"네. 로블록스 친구가 100명 넘어요."

신선한 충격이었습니다. 친구의 범위를 현실 세계로 한정 지은 제 자신을 반성했고요. 알고 보니 영수는 메타버스 세계 속 인싸였습니다. 영수의 아바타는 멋졌고, 게임 실력은 뛰어났어요. 가상세계 속 친구들은 그런 영수를 좋아했고요. 영수는 자신을 왕따라고 생각하지 않았습니다. 자신을 놀리는 애들 때문에 화가 나고 속상할 때도 있었지만요.

그렇게 몇 주에 걸쳐 찬찬히 영수를 알아 가던 중 놀라운 일이 벌어졌습니다. 영수한테 반 친구가 생겼는데, 로블록스에서 만나 놀던 아이였어요. 즉, 가상세계 친구가 현실 세계 친구가 된 것이지요. 다행히 이후에도 둘은 친하게 지냈습니다. 어떨 땐 둘이 아니라 여럿이 같이 놀기도 했고요. 덕분에 영수는 등교의 재미를 알았습니다. 더 이상 지각과 결석을 하지 않았고 상담에도 즐겁게 참여했어요. 저와의 상담 약속도 지키려고 노력했고요.

제게는 이런 순간이 상담의 보람이자 맛인데요. 영수의 상담 사례가 특히나 더 마음에 남았던 건 두 가지 시사점을 남겼기 때문입니다. 하나는 '한 번 왕따는 영원한 왕따'라는 기존의 왕따 문화가 요즘 아이들한테는 통하지 않았다는 점이고, 또 하나는 메타버스에서는 누구나 친구가 되는 후렌드 문화가 이 아이들에게 영향을 미쳤다는 점입니다.

물론 보다 많은 실례(實例)가 쌓여야 일반화할 수 있겠습니다만, 메타버스 속 아이들이 새로운 또래 문화를 만들어 가고 있는 점만은 분명합니다. 그들은 초연결의 관계망 속에서 현실과 가상의 구분 없이 친구를 사귑니다. 가상공간에서 만난 친구를 진짜 친구처럼 여기면서요.

친구의 범위가 넓고 명수(名數)가 많은 특징도 있습니다. 한 예로 저와 상담 중인 13세 아이는 일명 '로블록스 고수'인데요, 늘 친구가 200명 이상입니다. 원래는 친구 추가가 200명까지만 되는데, 계정을 여러 개 쓰다 보니 200명을 훌쩍 넘길 때도 있습니다(저도 그중의 한 명입니다. 친구 수락을 부탁했더니 흔쾌히 해 주더라고요.). SNS 친구까지 합치면 더 많겠지만, 문제 될 건 없습니다. 친구 끊기, 팔로워 삭제 버튼을 누르면 쉽게 정리가 되니까요.

메타버스 시대에도 여전한 왕따 문화를 개선하는 방법

여러분은 메타버스 속 아이들의 이런 관계 방식, 어떻게 보시나요? 저는 개방적이고 자유로운 면은 높이 사지만 한편으론 우려도 큽니다. 그중 하나가 현실과 가상세계를 가리지 않고 발생하는 또래 간 따돌림인데요. 우리 모두의 고민이자 아픔인 왕따 문제, 어떻게 풀어 나가야 할까요?

해결의 실마리는 문제의 원인에 있습니다. 일단 아이가 왕따당할 만한, 또는 아이를 따돌릴 만한 이유가 무엇인지부터 살펴보세요. 앞서 소개한 영수의 사례를 예로 들어 볼까요?

어떤 경우에도 친구를 따돌리는 행위는 하면 안 됩니다. 그렇지만 "왕따가 얼마나 나쁜 행동인지 몰라? 당장 가서 사과해!"라고 영수를 따돌린 아이들만 몰아세울 일도 아닙니다. 왜냐고요? 그 아이들에게 영수는 이상한 아이였거든요. 지각과 결석을 밥 먹듯이 하는 것도 모자라 대놓고 수업 시간에 엎드려 잡니다. 때론 수업에 방해되는 행동을 서슴없이 하고요. 우리랑은 다른 아이, 그래서 "재는 왜 저래?"라는 말이 절로 나올 때, 아이들은 한 명의 아이를 따돌립니다.

이번엔 왕따를 당한 영수 입장입니다. 영수는 왜 이런 행동을 했을까요? 겉으로는 친구들이 그러거나 말거나 상관없는 것처럼 보였지만, 실은 누구보다 친구랑 노는 걸 좋아하는 아이였는데 말이지요. 영수 엄마를 비롯한 주위 사람 모두가 영수의 지나친 게임 사용을 걱정했습니다. 그런데 영수는 왜 밤새 게임을 한 걸까요? 영수의 마음속으로 들어가 그 이유를 알아보겠습니다.

> 저는 늘 외롭고 심심했어요. 형제도 없고, 친구들은 놀아 주지 않고, 엄마는 밤늦게 집에 오셨거든요. 종일 기다렸던 엄마를 봐도 지루하긴 마찬가지입니다. 일에 지쳐 피곤한 엄마는 저보다 먼저 잠들기 일쑤였거든요. 그럼 저는 이리저리 뒤척이다가 스마트폰을 꺼내 듭니다. 어둠 속에서 할 만한 놀이 중에 스마트폰만 한 게 없거든요.
>
> 그렇게 빠져든 메타버스 세계가 저는 참 좋았습니다. 마음만 먹으면 쉽게 친구를 사귈 수 있거든요. 신나는 모험거리와 즐거운 볼거리도 가득하고요. 게다가 현실의 나는 작고 초라한데, 가상세계의 나(아바타)는 크고 멋있습니다. 마치 슈퍼맨처럼요.

영수의 마음이 와닿나요? 영수 입장에서는 밤새 게임을 한 게 아닙니다. 밤새 친구들과 논 것뿐입니다. 현실에서 받은 마음의 상처를 가상세계 안에서 위로받으며 치유한 것이지요.

이런 영수의 마음을 살피지 않은 채, 양육 환경은 그대로 둔 채, 아이의 문제 행동만 개선하려고 하면 아이가 달라질까요? 아닙니다. 설사 일시적으로 좋아졌다고 해도 곧 예전 상태로 되돌아갈 것입니다.

영수의 진정한 변화는 외로웠던 그간의 마음을 이해받고, 엄마의 양육 태도가 바뀌면서 시작됐습니다. 이후엔 본인의 노력과 학교의 도움, 친구들의 배려가 더해져 일상 자체가 달라졌지요. 구체적으로 무엇이 바뀌었냐고요? 우선 등교를 제시간에 합니다. 무단결석도 하지 않고요. 게임 시간도 하루 3시간 이내로 줄었습니다. 흐뭇한 결말이죠?

현실 왕따부터 사이버 불링cyber bullying까지, 왕따의 뿌리가 깊긴 하지만 우리 모두가 힘을 모아 왕따 없는 세상을 만들면 좋겠습니다.

5

아이들이 제페토보다 로블록스를 좋아하는 이유

국내 10대들이 어떤 메타버스 플랫폼을 많이 이용하는지 알아보다가 특이한 현상을 발견했습니다. 바로 제페토보다 로블록스 이용자가 훨씬 많다는 것이었지요. 두 플랫폼 모두 인기 있는 메타버스 플랫폼인데, 왜 이런 차이가 나는 걸까요?

관련 자료를 소개하면 제페토 누적 가입자 수가 3억 명 이상인데, 그중 95%가 해외 이용자입니다.[11] 로블록스는 국내에서 월간 활성 이용자MAU, Monthly Active Users가 가장 많은 게임으로 조사됐고요.[12] 국내 일일 이용자DAU, Daily Active Users 또한 로블록스는 42만 명을 넘기며 계속 증가하는데, 오히려 제페토는 감소하는 추세입니다. 그 수를 비교해 보면 제페토가 로블록스의 6분의 1 수준이었

습니다.[13]

왜 그런지 궁금해서 교육 현장에서 만난 아이들에게 물어봤습니다. 이들에게는 로블록스가 '글로벌 1위 메타버스 플랫폼(2022년 기준)'이라는 명성은 중요하지 않거든요. 가장 많은 의견은 '로블록스가 제페토보다 재미있어서'였습니다. 그다음은 '친구들이 로블록스를 하니까'였고요. 언뜻 보기엔 평범한 답변이지요?

자고로 평범함 속에 진리가 숨어 있다고 했습니다. 위 두 답변 속에는 아이들만의 특성이 숨어 있습니다. 그 특성을 밝히기 전에, 먼저 제페토와 로블록스가 어떤 플랫폼인지부터 소개해 드리겠습니다. 이 플랫폼을 살펴봐야 하는 이유는 다음과 같습니다.

- 첫째, 메타버스 세계를 여행하는 우리 아이들을 잘 지도하기 위해!
- 둘째, 제페토가 로블록스보다 부족한 플랫폼이라는 선입견을 갖지 않기 위해!

실은 저도 여러 아이로부터 "제페토는 재미없어요.", "그건 별로예요."라는 말을 들었을 땐 '진짜 그런가?'라는 생각을 잠시 했습니다. 아이들과 대화를 나눠 보니 호불호가 있는 건 로블록스도 마찬가지였고요. 대다수의 의견은 '제페토도 재미있지만, 로블록스가 더 재미있다.'였습니다.

해 본 사람만 아는 제페토만의 재미 vs. 로블록스만의 재미

실제로 제페토를 해 보면 로블록스와는 다른 재미가 있습니다. 증강현실, 라이프로깅, 가상세계의 특성을 고루 가진 메타버스답게 다채로운 기능이 돋보입니다.

예를 들면, 나만의 3차원 아바타를 머리부터 발끝까지 멋지게 꾸밀 수 있습니다. 스튜디오 기능을 활용해 각종 아이템을 제작하고 판매해 이익을 얻을 수도 있고요. '제페토 월드'에 가면 다양한 역할놀이와 게임, 이벤트 등을 즐길 수 있습니다. '제페토 드라마'에서는 창작드라마를 제작해 보는 경험도 할 수 있고요.

정리하면 제페토의 외형과 기능은 로블록스에 뒤지지 않습니다. 하지만 게임의 재미는 로블록스가 더 강력하지요. 재미는 메

제페토의 헬로월드 실행 장면 (출처-ZEPETO)

타버스 이용자에게 핵심 요소입니다. '인간의 본질은 재미'라는 말도 있지만, 게임의 본질과 메타버스의 본질도 재미입니다. 우리 아이들이 로블록스에 몰리는 주된 이유도 결국 재미 때문이고요.

그렇다고 오해는 하지 마세요! 화려한 그래픽과 정교한 스토리에서 느껴지는 재미가 아닙니다. 사실 거대한 오락실 같은 로블록스 안에 들어가 보면 "엥? 엄청 허술해 보이는데?"라는 말이 나올 때가 있습니다. 5,000만 개 이상의 게임 중에 조잡한 그래픽과 간단한 스토리로 이루어진 게임이 의외로 많아서인데요. 신기하게도 이 중에 동시 접속자가 10만 명이 넘는 인기 게임들이 허다합니다. 요컨대, 어른들이 보기엔 단순함 그 자체여도 아이들 눈높이에 맞고 재미있으면 그만인 거죠. 게다가 다양한 종류의 게임들이 즐비해서 고르는 즐거움이 큽니다. 놀러 갈 만한 곳이 많다는 점도 이용 재미를 높이는 요인이고요.

로블록스 내 게임 Rainbow Friends 실행 화면 (출처-로블록스)

친구 따라 로블록스를 하는 아이들의 특성

이제 '친구들이 로블록스를 하니까'에 숨은 의미를 알아볼 차례입니다. 핵심 키워드는 또래압력peer pressure입니다. 사전적 의미는 다음과 같습니다.

- 같은 연령대 친구들이 암묵적으로 정해진 규칙이나 지침에 따라 생각하고 행동하도록 요구하는 개인 간 상호작용 방식뿐만 아니라 가치관, 태도, 행위 등에 영향을 미치는 보이지 않는 힘[14]

위 내용을 속담으로 표현하면 '친구 따라 강남 간다'입니다. 로블록스에서 흥미로운 게임을 발견했거나 제작했을 때, 아이들은 '혼자' 하는 것보다 '같이' 하는 것을 더 좋아합니다. 그래서 친구들을 초대해 함께 즐기지요. 친구가 친구를 불러 모으는 격인데, 여기서 또래압력이 발휘됩니다. 즉, 친구가 로블록스를 하면 나도 해야 합니다. 설령 로블록스를 하기 싫어해도요.

주위를 둘러보면 이런 아이들이 제법 있습니다. 제가 상담한 10세 남학생도 그중 한 명인데, 프라모델 중에서도 건담을 매우 좋아하는 아이였습니다. 게임과 놀이는 물론 장난감을 살 때도 건

담만 고집해서 별명이 '건담맨'이었습니다. 그런데 어느 날부터인가 로블록스를 하더군요. 궁금해서 물어봤습니다.

"이젠 건담이 질렸니?"

"아니요, 반 친구들이 죄다 로블록스를 해서요. 그러니 별수 있어요? 친구들이랑 놀려면 저도 로블록스를 해야지요."

이런 예도 있었습니다. 서로 모르는 사이인 초등학생 A와 B가 만났는데, A가 대뜸 B에게 묻더군요.

"야! 너 로블(로블록스의 줄임말) 하냐?" — "응."

"그래? 나도 하는데! 이따 로블에서 같이 놀까?" — "콜!"

로블 하나로 '우리'라는 공감대가 형성되면서 즉석 제안을 주고받습니다. 이후 로블록스에서 만나 함께 놀면 친구 사이가 되는 것이지요.

이러한 또래압력의 영향은 아동·청소년기에 특히 강하게 나타납니다. 관계의 중심이 부모에서 또래로 이동하고, 세상살이의 해답을 또래에게서 찾기 시작하지요. 부모의 꾸지람보다 또래의 비난이 두렵고, 또래 무리 속에 섞여 있을 때 정서적 안정감을 느낍니다. 또래 친구들과 같은 활동을 즐기고, 같은 옷을 입고, 같은 행동을 하는 특성도 보입니다. 아이들이 무슨 옷을 입고 다니나 한번 살펴보세요! 서로 약속이나 한 것처럼 흰색, 검은색, 회색 옷을 주로 입습니다. 물론 전부가 다 그런 건 아니지요. 자신만의 개성과 소신이 더 중요한 아이들도 있으니까요. 친구가 아무리 로블록스를 하자고 꾀어도 꿈쩍 않는 아이가 있는 것처럼요.

재미, 또래압력, 개성을 중시하는 아이가 부모를 따르게 하려면

잘못된 것이 아니라면, 아이들의 다양성과 집단적 특성을 인정해 주세요. 우리 아이들의 소통 방식 중에 "인정?"이라고 묻고 "인정!"이라고 답하는 대화법이 있는데요. 풀어 설명하면 "내 의견이나 주장에 공감합니까?"이고 "네, 공감합니다, 동의합니다."라는 뜻입니다. 동의하지 않을 땐 "노no인정!"이라고 말하는데, 우리 아이들은 당연히 '노인정' 부모보다 '인정' 부모에게 마음을 열겠지요. 여기에 존중, 이해, 믿음, 배려, 적절한 지도까지 더해진다면 그야말로 이상적인 부모님이시고요.

하지만 말이 좋아 '적절한 지도와 이상적인 부모'이지, 현실은 이상과 다르다는 걸 매번 실감하는 부모들도 많습니다. 그런 분들을 위해 현실과 이상의 간극을 좁힐 수 있는 실제적인 지도법을 다음 장에 준비했습니다. 읽고 실천하는 순간 자녀에게 바른 메타버스 사용 습관이 생길 겁니다.

METAVERSE
METAVERSE
METAVERSE
METAVERSE

똑똑한 지도법 셋

해 보면 된다!
올바른 메타버스 사용 습관 만들기

스마트폰을 통한 메타버스 이용이 일상화된 우리 아이에게 꼭 필요한 것은 무엇일까요? 바로 슬기로운 메타버스 사용법입니다. 생활 속에서 쉽게 적용할 수 있고, 실제적인 효과가 있는 방법만 골라서 안내합니다.

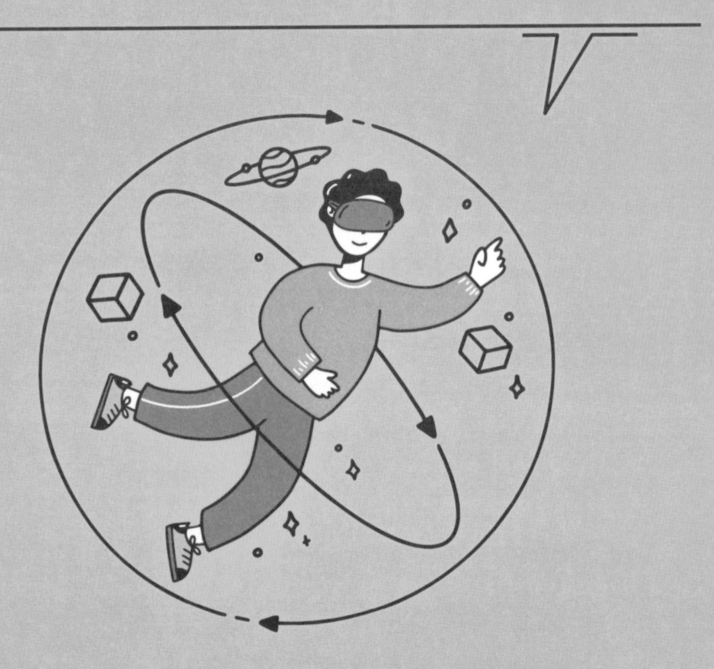

1

우리 아이의 메타버스 사용 시기, 언제가 좋을까?

"인터넷, 스마트폰에 이어 이제는 메타버스 시대라던데, 아이가 메타버스를 언제쯤 처음 접하는 게 좋을까요?"

메타버스 속 아이 지도법에 대해 강연할 때, 어느 학부모님께서 질문하신 내용입니다. 여러분도 궁금하시지요? 아무리 메타버스가 대세라고 해도 부모 입장에서는 여러 이유로 조심스럽습니다. 메타버스에는 순기능과 역기능이 공존하니까요. 게다가 아이의 메타버스 이용 시간이 곧 디지털 기기 사용 시간이라서 인터넷·스마트폰 과의존도 염려됩니다.

그렇다고 무턱대고 막을 수만도 없는 일! 첫 단추를 잘 끼워야 결과가 좋다는 말처럼 메타버스도 시작이 중요합니다. 즉, 적절한 타이밍에 접해야 합니다. 연령대별로 메타버스 이용 시기와 허용 정도가 다르기 때문입니다.

영유아의 메타버스 진입 시기

영유아 때는 메타버스 사용을 안 하는 게 가장 좋습니다. 이미 허용했다면 사용 시간을 하루 1시간 이내로 제한해 주세요. 유아들은 주로 포켓몬 GO나 모여봐요 동물의 숲 같은 게임을 통해 메타버스를 만납니다. '전체 이용가 게임인데, 뭐가 문제지?'라고 생각하는 분도 있을 겁니다. 영유아의 메타버스 이용을 왜 제한해야 하는지, 그 이유를 알아봅시다.

첫째, 영유아의 발달적 특성 때문입니다. 영유아 시기는 모든 발달의 기초를 다지는 중요한 때입니다. 사회성, 인지, 신체, 언어, 정서 등이 골고루 발달해야 건강하게 성장할 수 있습니다. 다양한 경험과 오감 활동, 질문과 탐색, 상징 놀이, 운동 등을 통해 세상을 이해하고 배워야 합니다. 그런데 메타버스는 어떤가요? 주로 간접 경험과 시·청각 활동만 이뤄질 뿐, 신체 활동이 거의 없습니다. 즉, 영유아의 균형 잡힌 성장 발달과는 거리가 멀지요.

둘째, 영유아는 가상의 존재, 가상 스토리를 진짜로 믿습니다. 여러분은 이러한 특성을 언제 느끼시나요? 저는 유아들을 대상으로 '스마트폰 과의존 예방 교육'을 할 때마다 느낍니다. 제 교육 도구 중에 '에티', '빠이'라고 이름 붙인 동그란 손 인형이 있는데요. AR/VR과는 무관합니다. 말 그대로 그냥 인형입니다. 그런데도 제가 인형극을 시작하면 아이들은 에티와 빠이가 진짜로 살아 있는 것처럼 반응합니다.

예를 들어 에티가 빠이한테 한 대 맞을 땐 "에티! 내가 구해 줄게!"라고 소리칩니다. 둘이 다시 친한 사이가 되면 자기 일처럼 좋아하고요. 에티, 빠이와 헤어질 땐 잘 가라고 연신 손을 흔들어 댑니다. 제가 너무 실감 나게 연기한 탓일까요? 아니라고 봅니다. 초등학생들은 제가 별짓을 다 해도 인형을 인형으로 봅니다. 오큘러스 퀘스트2 같은 VR 헤드셋 정도는 씌워 줘야 "오~! 인형이 살아 있는 것처럼 움직여요!"라고 말하지요.

물론 영유아들도 에티와 빠이가 인형이라는 것을 압니다. 상상력이 풍부하고 가상놀이를 즐기는 시기이다 보니 진짜 사람같이 대해 주는 것이지요. 마치 상상 놀이 속 상상 친구처럼요.

그런데 만약 에티와 빠이를 메타버스 속에서 만났다면 어땠을까요? 몰입도와 영향력이 훨씬 클 겁니다. 메타버스 세계는 현실과 가상의 경계가 흐릿한데, 실재감은 넘치고 판타지적 요소는 강하니까요. 영유아들은 이런 환경에 매우 취약합니다.

한 예로, 5세 남아가 갑자기 찰진 욕을 해서 부모를 깜짝 놀라게 했는데요. 알고 보니 온라인 게임에서 배웠답니다. 라이프로깅 세계에서 본 위험한 행동을 따라 하다가 큰일 날 뻔한 유아들도 많고요. 소름 돋는 귀신 영상을 본 뒤 공포심이 커져서 부모 껌딱지가 된 아이도 여럿입니다.

이 시기만이라도 우리 영유아들의 순진무구한 동심을 지켜 주세요! 이때가 아니면 경험해 보지 못할 귀중한 감정입니다. 굳이 메타버스로 들어가지 않아도 영유아는 이미 가상세계 창조자입니다. 과찬이 아니라 사실입니다. 소꿉장난을 하면서 무한 변신을 거듭하잖아요? 마블 캐릭터보다 멋진 히어로부터 〈겨울왕국〉의 엘사 같은 공주, 핑크퐁처럼 귀여운 캐릭터 등을 자기만의 상상 세계 속에 만들어 놀기도 하고요.

영유아 때 온몸으로 놀면서 직접 체험하고 배운 것이 많을수록, 실제 세계에서 쌓은 즐거움과 추억이 넘칠수록, 창의력과 주체성 있는 청소년으로 자라납니다. 더 나아가 자존감 높은 성인으로 성장합니다.

초등학생의 메타버스 진입 시기

초등학생 때는 나이나 학년이 아니라 발달 수준으로 그 시기를 정하는 것이 좋습니다. 발달 수준을 체크할 때 1순위는 자기통제력 여부입니다. 자기통제력이란 장기적인 목표를 위해 현재의 유혹이나 충동을 억제 및 조절하고, 단기적인 만족을 지연시키는 능력을 말하는데요. 이 능력만 있으면 메타버스 출입이 자유롭습니다. 아이 스스로 적절하게 메타버스를 사용하니까요.

그런데 주위를 둘러보면 자기통제력이 높은 아이가 드뭅니다. 왜 그럴까요? 자기통제력과 연관 있는 전두엽 기능이 덜 발달되어서 그렇습니다. 아동·청소년의 대뇌 발달을 추적한 여러 연구 결과를 보면 평균 20대 중반이 되어야 전두엽 발달이 완전해진다고 합니다.

따라서 우리 아이가 충동적이고, 보상에 즉각 반응하며, 불안정한 감정 상태를 보일 때는 자연스러운 현상이라고 생각해 주세요. 문제아가 아니라 정상입니다.

물론 아이마다 정도의 차이는 있습니다. 자기통제력 발달에는 전두엽 기능뿐만 아니라 부모의 양육 방식, 문화, 아동의 기질, 유전자 등 다양한 요인이 골고루 영향을 미치거든요. 예를 들어, 자기통제력이 우수한 자녀는 위 요소들이 복합적으로 작용한 경우입니다. 그 반대라면 자녀를 탓하기보다 나(부모)를 되돌아보시고요. 위 요소 중에서 부모의 양육 방식이 자기통제력 발달에 매우 큰 영향을 미치기 때문입니다. 부담과 희망이 교차하시죠? 양육자가 그 역할을 어떻게 하느냐에 따라서 아이의 자기통제력이 좌우되니까요.

메타버스 진입 시기를 늦출수록 좋은 아이

중고등학생들은 메타버스 세상에 진입하여 다양한 활동을 하고 있어야 정상입니다. 하지만 연령대 상관없이, 되도록 메타버스를 늦게 만나는 게 좋은 아이들이 있습니다. 기질적 특성상 메타버스에 푹 빠져들 가능성이 높기 때문입니다. 주로 어떤 아이들이 이 유형에 속할까요? 간추려 소개하면 다음과 같습니다.

- 자기통제력이 매우 부족한 아이
- 약속을 자주 어기거나 번복하는 아이
- 위험 추구 성향이 높은 아이

• 승부욕과 경쟁심이 높은 아이

• 충동적이고 주의가 산만한 아이

• 감정 조절이 힘든 아이

이 아이들은 왜 메타버스 세상을 늦게 접해야 할까요? 메타버스에는 자극적인 정보가 넘쳐 납니다. 경쟁과 대결의 기회가 널렸습니다. 경쟁에서 이겼을 때 맛보는 짜릿한 쾌감은 삶의 활력으로 이어집니다. 이는 곧 자극과 쾌락을 원하는 호르몬 '도파민', 지배·경쟁·활력을 추구하는 호르몬 '테스토스테론'이 콸콸 분비되기 좋은 환경이라는 말입니다.

물론 이런 재미와 자극, 활력을 싫어하는 사람은 드뭅니다. 하지만 위 유형의 아이들은 특히나 더 좋아합니다. 열광을 넘어서 과몰입 상태가 될 정도로요.

그러므로 이런 아이들은 메타버스 진입 시기를 최대한 늦추는 게 좋습니다. 하지만 현실적으로 그러기는 어렵지요. 대체로 이런 유형의 아이들은 양육자의 말을 안 듣거든요. 반항은 기본이고 요구를 거절하면 양육자가 질려 나가떨어질 때까지 들들 볶습니다. 때론 공격적인 행동도 합니다. "다른 애들은 다 하는데, 왜 나만 못하게 해?"라고 따지기도 합니다.

유익한 방법을 알면서도 실행하지 못하는 양육자의 고충, 저는 누구보다 잘 압니다. 무수하게 겪은 상담 사례이니까요. 지쳐서 아이 지도를 포기하고 싶을 땐 이 말을 떠올려 보세요.

승리는 가장 끈기 있는 자의 몫이다!

아이가 거칠게 나올수록 양육자는 끈기를 가지고 더욱더 아이의 자기통제력을 올려 줘야 합니다. '열 번 찍어 안 넘어가는 나무 없다'라는 말처럼 지금부터라도 아이에게 다음 페이지에 있는 자기통제력 향상 비법을 시도해 보세요! 실천한 횟수만큼 아이의 자기통제력이 높아질 겁니다. 조절력 있게 메타버스를 활용하는 디지털 루틴이 생길 겁니다.

적당한 메타버스 사용을 돕는 자기통제력 향상 비법

1. 어릴 때부터 기다림에 익숙한 아이로 만들기

아이가 욕구불만을 표현할 때 헌신적인 양육자는 즉시 해결해 줘야 한다는 조급증이 발동합니다. 성격이 급하고 불안감이 많은 양육자는 아이가 뒤처진다 싶으면 "빨리빨리!", "서둘러!"란 말로 아이를 재촉하다가 그 일을 대신해 주기도 하지요. 이렇게 즉각적으로 욕구가 충족되는 일상에 길들여진 아이는 만족지연능력이 떨어집니다. 참을성 제로의 아이가 됩니다.

일상생활 속 기다림을 생활화하세요. 예를 들어 아이가 유료 게임을 하고 싶다며 사 달라고 조를 때, 부모가 선심 쓰듯이 바로 설치해 주면 어떻게 될까요? 부모는 아이의 마음을 얻겠지만, 아이는 자기통제력을 잃습니다. 이럴 때는 아이에게 게임 구입 비용을 모을 만한 활동거리를 제안한 뒤 목표를 달성할 때까지 기다려 주세요. 그러면 아이는 다음과 같은 3가지 효과를 얻을 수 있습니다.

2. 해야 할 일을 먼저 한 뒤 메타버스에서 놀기

자기통제력은 서로 충돌하는 욕구나 행동을 억제할 때 발달합니다. 예를 들어, 만약 아이가 메타버스 활동부터 먼저 하고, 숙제를 나중에 한다고 했을 때, 아이에게 어떤 일이 벌어질까요?

- 숙제를 나중에 한 경우 → 문제 될 건 없지만 자기통제력은 향상되지 않는다.
- 순서를 바꿔서 숙제를 먼저 한 경우 → 자기통제력이 향상된다.

메타버스 사용뿐만 아니라 바른 생활 습관을 형성하기 위해서는 자기통제력이 매우 중요합니다. 귀찮지만 더 중요한 일, 하기 싫지만 꼭 해야 하는 일을 먼저 한 뒤에 좋아하는 활동을 하는 습관을 길러 주세요. 아이의 만족지연능력 향상이 자기통제력 증진으로 이어집니다.

3. 목표 설정 및 자기 관리 방법 알려 주기

아이가 자기통제를 잘하려면 '목표 반응'과 '자기 관리 반응'을 할 수 있어야 합니다. 목표 반응이란 장기적인 목표를 달성하기 위해 해야 하는 행동입니다. 자기 관리 반응은 목표를 수행하기 위해 자신이 조절할 수 있는 행동을 뜻합니다.[15]

예를 들어, 아이와 논의하여 건강을 위해 스마트폰을 하루에 2시간만 하기로 정했다고 가정해 봅시다. 여기에서 목표 반응은 '하루 2시간만 하기'입니다. 이를 지키려고 사용 계획표를 작성하여 잘 보이는 곳에 붙여 놓거나, 알람을 2시간으로 맞춰 놓고 스마트폰을 시작했다면 자기 관리 반응을 한 것이지요. 메타버스의 바른 사용뿐만 아니라 성적 향상, 진로 설계에도 효과적이니 매일 실천해 보세요.

4. 자기통제력 향상에 즉효 약인 전두엽 기능 발달시키기

여러 전문가가 공통적으로 추천하는 전두엽 향상법이 있습니다. 바로 신체 활동입니다. 메타버스를 누비는 아이의 건강한 성장을 위해서 꼭 필요한 활동이기도 하지요.

어떤 신체 활동이 좋을지 잘 모를 때는 활동 장소와 시간 범위를 넓혀 보세요. 실내 스트레칭, 동네 산책, 달리기, 집 청소 등 뭐든 몸을 움직이는 활동이면 좋습니다. 10분간의 짧은 운동도 기억력과 집중력 향상에 효과가 있거든요. 스트레스와 불안 감소, 충동성 억제에도 도움이 되고요.

제 전작 《슬기로운 스마트폰 생활》에서도 언급했지만, 이왕이면 3·3·3 활동법! 매주 3회, 30분 이상, 30% 정도로 강도를 높인 신체 활동을 규칙적으로 하면 더 효과적입니다. 이때 앞에 3번에서 설명한 목표 반응과 자기 관리 반응을 함께 실시하면 실천이 더욱 잘될 겁니다.

이 책 4장 3화(170~171쪽)에도 관련 비법이 담겨 있으니 참고하세요.

2

증강현실, 이렇게 적응하자!

아들이 초등학교 1학년 때, 아빠보다 더 좋아한 애니메이션이 있습니다. 바로 1996년에 탄생한 포켓몬스터입니다. 25년이 지난 지금도 많은 아이들의 사랑을 듬뿍 받고 있지요. 게임과 애니메이션은 물론, 완구·문구·카드·옷·가방에 이어 포켓몬 빵에 아이스크림까지 시선이 닿는 곳마다 포켓몬이 보입니다.

당시 아들의 포켓몬스터 사랑을 잠시 소개하면요, 자다가도 "포켓몬 한다!"는 소리를 들으면 벌떡 일어났습니다. 돈만 생기면 문방구로 달려가서 한 팩에 500원 하던 포켓몬 카드를 사 모았고요. 선물은 늘 포켓몬 장난감을 원했습니다. 하루는 제가 궁금해서 4년간 포켓몬스터 시리즈에 쓴 돈을 계산해 봤는데요, 눈알이

튀어나올 뻔했습니다. 가랑비에 옷 젖는 줄 모른다고, 100만 원이 훌쩍 넘더라고요. 한번은 거금을 쓴 적도 있었는데, 일본 신주쿠에서 산 전설의 포켓몬 '루기아' 인형이었습니다. 크기가 아들 상체만 했지요. 아들이 루기아를 꼭 끌어안고 제게 한 말이 아직도 생생하게 기억납니다.

"엄마! 루기아가 우리 동네에 진짜로 나타나면 참 좋겠다. 내가 잡으러 가게."

2017년, 아들의 판타지가 증강현실 게임 포켓몬 GO로 실현됐습니다. 엄마가 들어줄 수 없는 소망을 나이언틱Niantic 개발사가 이루어 준 셈이지요.

포켓몬 GO 실행 화면 (출처-나이언틱)

저는 무척 신기했습니다. 고등학생이 된 아들의 반응이 내심 궁금했고요. 진작에 포켓몬 앓이에서 벗어났지만, 전 세계적으로 포켓몬 GO 열풍이 대단했거든요. 혹시나 소멸된 동심이 소환될까 싶어 유심히 지켜봤는데, '역시나' 였습니다. 호기심에 몇 번 해 보더니 안 하더군요. 본인 취향이 아니었나 봐요. 아들은 이내 팀 대항 온라인 게임MOBA, Multiplayer Online Battle Arena인 리그 오브 레전드로 돌아가, 적의 포탑을 부수는 플레이어가 됐습니다.

그렇게 아들의 포켓몬 사랑은 지나갔지만, 포켓몬 GO의 선풍적 인기는 지금도 여전합니다. 관련 제품이 수없이 쏟아지는 것은 물론, 국내 이용자 수 1위 게임에 오를 정도이지요. 길을 가다 보면 포켓몬 트레이너(포켓몬을 몬스터볼로 포획해 육성하는 사람)가 되고픈 아이들이 포켓몬을 잡으러 우르르 몰려다니는 광경도 흔하게 볼 수 있습니다. 이 아이들에게 포켓몬 GO는 어떤 의미일까요? 그저 재미난 게임일까요? 제 주위 포켓몬 GO 유저들에게 물어보다가 의미심장한 답변을 들었습니다.

"우리 동네에 새로운 세상이 펼쳐진 것 같아요."

익숙한 동네를 모험의 세상으로 변화시키는 마법! 저는 이것이 아이들이 느끼는 증강현실이자 포켓몬 GO의 가치라고 생각합니다. 현실 속에서 소소한 재미와 신기함을 잠깐 느끼게 하고 사라지는 신기술이 아니라, 현실에 중첩된 판타지 말입니다.

이처럼 증강현실이 아이의 삶에 깊숙이 스며들었을 때 부모는 무엇부터 해야 할까요? 바로 아이의 적응 여부부터 살피고, 적응력을 높여 줘야 합니다. 적응의 문제가 생기기 전에 예방하고 디지털 루틴을 생활화하는 지도법으로요.

포켓몬 GO 하는 아이가 조심해야 할 것들

적응의 문제에서 가장 고려할 점은 '안전사고'입니다.

여러분은 길에서 포켓몬 GO 하는 아이들을 보면 어떤 마음이 드시나요? 저는 긍정 반, 조마조마함 반입니다. '게임하면서 야외 활동도 하니까 좋네, 좋아!'라는 긍정적인 마음도 있지만, 반대로 '저렇게 스마트폰만 쳐다보며 걷다가 사고라도 나면 어쩌나?'라는 조마조마한 마음도 있지요.

실제로 포켓몬 GO 같은 게임은 안전사고가 발생할 위험이 매우 큽니다. 발생한 다수의 사건 사고를 대략만 살펴봐도 그렇습니다. 포켓몬을 잡겠다고 차도를 건너다 중상을 입거나, 절벽에서 떨어지거나, 충돌사고를 내는 등의 뉴스가 연일 보도될 정도로 많았습니다.

게다가 포켓몬 GO 유저들은 모두 '스몸비족'입니다. 스몸비족이란 스마트폰과 좀비의 합성어로, 스마트폰을 보며 길을 걷는 사람을 뜻하지요. 교통안전공단 분석 결과에 따르면 스몸비족은 평소보다 사고당할 위험이 76%나 증가한다고 합니다. 스마트폰을 보지 않고 걷는 사람보다 소리로 주변 상황을 인지하는 거리가 평소보다 40~50% 줄고요. 시야 폭은 56%나 감소하고, 전방 주시율은 85%나 떨어집니다.

어린이 스몸비족의 사고 위험은 성인보다 훨씬 더 큽니다. 아이들은 성인보다 키가 작아 시야 범위가 더 좁기 때문입니다. 또한 외부 자극 감지 능력과 위험 대처 능력도 부족하지요. 따라서 아이가 포켓몬 GO를 할 때는 교통사고와 낙상 위험이 평소보다 클 수밖에 없습니다. 안전사고는 예방이 최선이므로, 부모와 아이 모두 각별한 주의가 필요합니다.

개인정보나 위치 정보 노출도 조심해야 합니다. 포켓몬 GO는 GPS 정보를 이용해 실제 장소를 다니면서 포켓몬을 사냥하는 게임입니다. 이러한 특성상 범죄의 표적이 될 수 있지요. 실제로 외국에서는 외진 포켓스톱(아이템을 얻을 수 있는 장소)이나 체육관(포켓몬을 훈련시키거나 포켓몬끼리 승부를 겨루는 곳)에 숨어 있던 이용자가 다른 이용자의 금품을 빼앗은 사례가 있었거든요.

다른 증강현실 플랫폼은 안전할까?

지금까지 포켓몬 GO의 사례를 집중적으로 소개했는데요. 증강현실 아바타 서비스 제페토도 마찬가지입니다. 나만의 아바타로 다양한 맵에 들어가 전 세계 사람들과 어울리는 특별한 재미 뒤에는 위험이 숨어 있습니다. 예를 들어 제페토 월드 안에서 역할놀이를 하다가 난폭한 언행과 인신공격이 오가는 상황이 비일비재합니다.

30대 후반 남성이 11세 여학생의 환심을 산 뒤 결혼 서약서를 요구한 사건도 있었습니다. 헝클어진 머리 사진, 뽀뽀하는 사진 등을 보내 달라고 요구하기도 했지요. 이외에도 10대 이용자의 아바타에게 성행위 같은 동작을 시키거나 음성 대화 기능으로 성희롱을 한 사례도 있습니다.

우리 아이가 이런 위험에 직면할까 봐 걱정되시나요? 그럴 만도 합니다. 아동·청소년 대상의 디지털 성범죄와 사이버 불링이 비단 제페토만의 문제는 아니니까요. 아바타 서비스를 하는 플랫폼 모두가 안고 있는 과제입니다.

이런 문제는 부모와 자녀의 슬기로운 대처가 필요합니다. 문제의 심각성을 절감한 해당 기업들과 관련 부처에서 나름의 대책과 법안을 내놓고 있지만, 현재까지는 실효성이 낮기 때문입니다. 실제 처벌로 이어진 사례도 드뭅니다. 아바타가 곧 현실의 나와 같아서 피해자는 트라우마를 호소할 정도로 고통스러운데 말이지요.

증강현실 세계의 어두운 이면을 나열하다 보니 조금 우려가 됩니다. 가뜩이나 부모님들은 아이의 메타버스 사용에 보수적인데 '이참에 사용 금지!' 쪽으로 마음이 굳어질까 봐서요.

하지만 막는다고 될 일이 아닙니다. 나이언틱은 벌써 새로운 포켓몬 GO 개발에 들어갔습니다. 더 몰입감 있고 실감 나는 플레이를 위해 홀로렌즈2 같은 혼합현실 헤드셋까지 동원해 가면서요. 그런데 아이들의 마음을 매료시켜 이윤을 극대화하고 싶은 기업이 어디 나이언틱뿐일까요? 이런 상황에서 최선의 선택은 다음과 같습니다.

피할 수 없다면 즐겨라!

결국 적극적으로 대처하고 슬기롭게 즐기는 자세가 관건입니다. 아이와 함께 다음 페이지에 있는 디지털 루틴 만들기를 실천해 보세요. 안전만 확보된다면 증강현실은 우리 모두에게 희열을 선사하는 세상입니다.

디지털 루틴 만들기 2

안전하고 즐겁게 증강현실을 누리자!

1. 부모도 경험해 보기

아이들에게 '이 어른이 우리들의 세계를 안다, 모른다.'는 '이 어른의 말을 들을까, 말까?'와 같습니다. 즉, 증강현실 세계를 경험한 부모가 아이에게 말발이 서고 지도를 잘할 수 있다는 말입니다.
부모님들도 포켓몬 GO를 해 보세요. 열혈 사용자가 아니어도 괜찮습니다. 증강현실을 한번 경험해 보시라는 말입니다. 커브볼을 던져 잡은 포켓몬을 도감에 등록할 때의 그 쾌감! 그 정도만 알아도 좋습니다.

2. 안전을 위해 미리 사용 규칙 설정하기

아이가 포켓몬 GO와 같은 증강현실 플랫폼을 하고 싶다는 의향을 보이면 먼저 안전한 사용 규칙을 만드세요. 사용 후에는 보상과 벌칙으로 규칙 실천을 독려하는 것이 좋습니다(사용 규칙을 성공적으로 만드는 방법은 5장의 2화에서 확인하세요.).
안전한 사용 규칙의 예는 10대들이 주로 하는 포켓몬 GO와 제페토를 중심으로 살펴보겠습니다.

증강현실 플랫폼	안전한 사용 규칙의 예
포켓몬 GO 매너 있는 포켓몬 트레이너가 되는 법	• 미리 정한 구역 안에서만 돌아다니기 • 돌아다닐 때는 뛰지 않기 • 자전거, 퀵보드 등을 타면서 사냥하지 않기 • 출입 금지 구역에 들어가지 않기 • 개인정보 보호를 위해 실명으로 등록하지 않기 • 폭염, 폭우, 강풍 등의 날씨에는 하지 않기 • 보조 배터리를 가지고 다니기 • 혼자보다는 여럿이 같이 다니며 하기 • 어둡거나 인적이 드문 곳에서는 하지 않기 • 낯선 유저를 만나면 주의하기 • 공공장소에서 다른 사람에게 민폐 끼치지 않기 • 전설의 포켓몬을 잡으려고 오랜 시간 동안 하지 않기 • 멀리 이동하지 않기 • 어린아이는 부모와 함께 다니기
제페토 센스 있는 제페토 사용자가 되는 법	• 14세 이상 이용 등급 지키기 • 선정적인 라이브 방송에 들어가지 않기 • 사이버 불링이나 디지털 성범죄를 당했을 때는 증거 자료를 캡처하여 아래 기관에 신고하기 -사이버 불링 학교폭력 신고센터 (117) -디지털 성범죄 사이버 경찰청 (112) 방송통신심의위원회 (1377) • 즐거운 소통과 만남을 위해서 네티켓 지키기 • 멋진 유료 아이템이 탐나도 지나친 현금 결제는 자제하기

라이프로깅, 이렇게 기록하자!

여러분은 '라이프로깅을 대표하는 SNS' 하면 뭐가 생각나세요? 저는 요즘 10대들이 주로 하는 다양한 라이프로깅 플랫폼들이 떠오릅니다. 인스타그램, 페이스북, 트위터, 핀터레스트, 유튜브, 틱톡, 트위치, 스냅챗 등이요. 생각 외로 다양하죠?

국내 청소년들이 SNS를 이용하는 이유도 여러 가지입니다. 한 조사에 따르면 1위는 다양하고 재미있는 콘텐츠가 많아서, 2위는 또래 친구들 또는 다른 사람들과 소통하기 위해서, 3위는 친구들의 최신 소식을 알고 싶어서였습니다. 그 밖에도 새로운 정보나 뉴스 얻기, 나의 일상 또는 서로의 관심사 공유, 스트레스 해소 등의 의견이 있었습니다.

앞에 소개한 플랫폼들의 이용 행태를 알아 두면 라이프로깅 속 자녀 지도를 잘할 수 있습니다. 크게 3가지로 정리한 이용 행태를 살펴볼까요?

10대들이 선호하는 SNS의 특징과 아이들이 느끼는 감정

하나, 문자보다 사진과 영상이 좋아!

10대들은 텍스트 위주의 페이스북, 트위터보다 영상과 사진 중심의 유튜브, 인스타그램, 틱톡을 더 선호합니다. 특히 SNS의 원조 페이스북보다 유튜브가 대세가 된 현상이 흥미로운데요. '동영상 공유 웹사이트였던 유튜브가 언제 소셜미디어가 됐지?'라고 생각한 분도 계실 겁니다. 요즘 10대들이 그렇습니다. 기존의 형식을 깨고 자유롭게 놀면서 새로운 변화를 일으키지요. 유튜브 사용자들과 다양한 형태로 소통하면서 SNS 기능을 강화시킨 것처럼요.

예를 들어 10대들은 실시간 스트리밍을 통해 서로의 의견을 공유하는 걸 좋아합니다. 개인 일기장에나 적을 법한 사적인 일상을 브이로그Vlog 형식의 영상 콘텐츠로도 올리고요. 브이로그는 비디오와 블로그의 합성어로, 자신의 일상을 동영상으로 촬영한 영상 콘텐츠를 뜻합니다. 영상의 공개 범위를 전체 공개, 일부 공개, 비공개 중에 무엇으로 할지는 본인 마음입니다.

때론 내용과 무관한 영상을 아무거나 올리고 자신이 진짜로 말하고 싶은 걸 이야기합니다. 실례로 제가 아는 11세 남학생은 본인 유튜브 채널에 슬라임 만드는 영상을 올렸는데요. 시청해 보니 들리는 음성은 로블록스와 관련된 이야기였습니다. 달린 댓글도 온통 로블록스에 관한 것이었고요. 그러나 "영상과 내용이 왜 따로 놀아요?"라고 따지는 사람은 아무도 없습니다. 요즘 아이들의 참 신선한 현상이지요.

둘, 셀카 사진 속의 나처럼 되고 싶어!

평소 사진 보정 앱으로 찍은 셀카 사진을 SNS에 올리길 좋아하던 한 아이가 어느 날 대뜸 이렇게 말합니다.

"엄마, 이 사진 속의 나처럼 성형시켜 줘!"

부모가 절대 안 된다고 따끔하게 말해도 아이가 포기를 안 합니다. 매일 얼굴에 대한 불평불만을 늘어놓다가 자괴감마저 느끼고요. 이 아이가 만약 여러분의 아이라면 성형외과와 정신건강의학과 중 어디를 방문하시겠습니까?

2018년 미국의학협회지에 실린 논문에 따르면, 위와 같은 상황에서는 정신과 의사를 만나야 한다고 합니다. 필터링된 이미지는 현실과 환상 사이의 경계를 흐리게 만들고, 자신의 신체적 특징을 제거해야 할 결함으로 느끼게 하는데, 이런 상태를 스냅챗 이형증snapchat dysmorphia이라고 합니다.

스냅챗 이형증은 스냅챗과 신체 이형증의 합성어로, 필터로 보정된 이미지에 익숙해진 나머지 셀카 속 모습과 실제 모습 사이에 괴리감이나 불만족을 느끼고 집착하는 증상을 말합니다. 사진과 영상 중심의 소셜미디어 사용자가 많아지면서 생긴 현상 중 하나이지요.

국내 10대 청소년들이 가장 많이 이용하는 SNS는 무엇일까요? 바로 인스타그램입니다. 따라서 국내외적으로 늘고 있는 스냅챗 이형증을 예의 주시할 필요가 있습니다.

셋, 행복하다가도 우울해!

아이는 물론, 어른도 즐겁게 SNS를 하다가 울적해질 때가 있습니다. 바로 부러움에 사로잡혔을 때인데요. 소셜미디어라는 공간 자체가 평범한 일상보다 행복한 일상을 보여 주는 곳이다 보니, 부러운 사진이나 영상이 넘쳐 납니다. 이런 게시물들을 보면서 선망하는 건 자연스러운 감정 반응이지요.

그런데 순간의 감정에서 그치지 않고, 비교의 감정으로 넘어가면 어떨까요? 갑자기 내 모습, 내 처지가 초라하게 느껴집니다. 아이들은 이럴 때 "현타 왔다!"라는 말을 쓰곤 하는데요. 현타(현실 자각 타임의 준말) 극복이 안 되면 무기력하고 우울해집니다.

물론 이런 기분과 증상을 10대들만 경험하는 건 아닙니다. SNS 이용자라면 누구나 경험할 수 있지요. 그러나 10대는 다른 세대에 비해 외모와 외형에 더 민감한 나이입니다. 그만큼 영향을 더 많이 받는다는 말입니다.

SNS의 장점은 취하되 부작용은 멀리하려면

라이프로깅 플랫폼을 이용하는 아이들의 실태를 알고 나니 어떤가요? 우리 아이들이 소셜미디어의 장점만 취하면 좋겠지만 그럴 수 없는 현실을 느끼셨나요?

걱정이 클 때는 현명하게 대처하는 것이 힘입니다. 그 힘의 원천은 자존감에 있습니다. 자존감은 자신을 존중하고 사랑하며, 어떤 성과를 이루어 낼 만한 능력이 있다고 믿는 마음인데요. 가족, 교사, 친구같이 가까운 사람들에게서 받는 긍정적인 피드백, 성취 경험 등이 자존감 형성에 큰 영향을 미칩니다. 높은 자존감은 SNS

를 사용하다가 느끼는 부러움, 열등감, 자괴감, 우울감 등을 해소하는 데 가장 좋은 특효약입니다.

자녀의 SNS 사용이 신경 쓰일 땐 아이의 자존감부터 올려 주세요! 자존감을 향상시키는 방법은 여러 가지가 있는데, 그중 라이프로깅 세계에서 가능한 방법은 크게 3가지가 있습니다.

첫째, SNS 게시물에 칭찬, 인정, 축하, 위로, 격려의 댓글을 성의 있게 달아 줍니다. 이왕이면 '좋아요'도 꾹 눌러 주시고요.

둘째, 사진 보정 앱을 덜 사용하게 합니다. 2018년에 SNS 사용과 자존감의 연관성에 대해 밝힌 존스홉킨스 약대의 연구 결과를 살펴보면, 사진 보정이 가능한 SNS를 자주 사용하는 응답자들이 그렇지 않은 응답자들에 비해 자존감이 훨씬 낮았습니다. 성형 수술을 고려할 확률은 높았던 반면에요.

셋째, 아이가 보정 필터를 이용한 가상이미지에 혹해서 진짜 모습에 불만을 품고 자존감을 잃어 갈 땐 아이만의 개성과 장점을 자주 말해 주세요! 생김새와 몸매에 국한된 미의 기준을 제스처, 말투, 남다른 분위기, 마음씨, 학식으로까지 넓혀 주고요. 단, 이때 주의할 표현이 있습니다. 겉모습에 초점을 둔 칭찬 혹은 두둔입니다. 예를 들어 볼게요.

• **잘못된 표현의 예**

부모 : "우리 아들(또는 딸)이 어디가 어때서? 얼마나 예쁘고 잘생겼는데."

자녀 : "그건 엄마(아빠) 눈에나 그렇지!" → **인정할 수 없는 말에 짜증을 냄**

부모가 보기엔 아이가 정말로 사랑스럽고 예뻐도 이러한 표현은 역효과가 납니다. 이럴 때 효과적인 표현법은 아이의 성품과 잠재 능력을 구체적으로 부각시킨 칭찬입니다.

• **효과적인 칭찬의 예**

"심부름을 혼자 다녀오다니, 진짜 씩씩하다!"

"오늘 옷 입은 스타일이 완전 센스 굿이네!"

"오늘은 이만큼이나 했구나! 점점 발전하는 모습이 참 좋네."

라이프로깅 세계의 능력자는 자존감과 더불어 내실 있게 소셜 미디어를 사용하는 방법까지 챙기는데요. 부모와 자녀 모두 실속 있게 SNS를 사용하는 방법을 다음 디지털 루틴 만들기 3으로 정리해 보았습니다. 실천해 보면 두고두고 든든할 거예요.

디지털 루틴 만들기 3

SNS를 알차게 사용하는 방법

1. 전송하기 전에 신중하게 여러 번 확인하기

SNS에 무심코 올린 게시물, 카카오톡에 아무 생각 없이 보낸 문자와 사진 등이 독이 될 때가 있습니다. 놀란 마음에 즉시 삭제해도, 이미 다른 사람이 보았을 수도 있지요. 디지털 공간 안에 오래도록 남기도 하는 부끄러운 과거는 괴로운 현재로 되돌아오기도 합니다. 디지털 클린 서비스를 이용하거나 해당 사이트에 삭제를 요청해도 100% 싹 다 지우기는 어려울 수도 있습니다. 검색 기술은 나날이 발전하고 있는데 말이죠.

그러므로 아이에게 게시물을 올리기 전, 문자를 보내기 전에 문제가 없는지 여러 번 생각하고 확인하는 습관을 길러 주세요. 실수하거나 후회할 일이 줄어듭니다.

2. 미성년자 계정으로 설정하여 SNS 범죄 차단하기

10대를 노리는 대부분의 SNS 범죄는 범죄자가 불특정 다수의 미성년자에게 불건전한 메시지를 다량으로 보내면서 시작됩니다. 그래서 SNS 업체들은 미성년자와 관계없는 성인들이 메시지를 통해 접근할 수 없도록 아래와 같은 기능을 설정해 놓고 있습니다.

- **인스타그램** : 팔로우를 맺지 않은 성인이 미성년자에게 다이렉트 메시지(DM)를 보낼 수 없음
- **페이스북** : 친구 사이가 아니면 메시지가 스팸함으로 이동함

여기서 중요한 건 이런 보호 기능은 미성년자 계정일 때 가능하다는 점입니다. 자녀의 SNS 계정이 미성년자 계정인지 아닌지 확인하고 관리해 주세요.

3. 나만의 설정 또는 연동 모드로 안전하게!

유튜브	유튜브 앱에서 우측 상단 프로필을 탭 하면 유용한 기능이 많습니다. 상황별로 예를 들어 볼게요. **▶사용 시간이 길어서 걱정일 때** • '시청 시간'을 누르면 요일별 사용 시간과 지난 7일 동안의 합산 사용 시간을 확인할 수 있음 • '시청 중단 시간 알림'을 켜고, 알림 빈도를 설정하면 사용 시간을 줄이는 데 도움이 됨 **▶안전한 사용을 원할 때** • '설정' → '기록 및 개인정보 보호'에서 '시청 기록 지우기'와 '검색 기록 삭제' 기능을 사용하면, 유튜브 알고리즘을 초기화하여 원하지 않는 영상 추천을 덜 받을 수 있음 • '설정' → '일반' → '제한 모드' 순으로 누르면, 미성년자에게 부적합한 동영상을 어느 정도 걸러 낼 수 있음
틱톡	요즘은 숏폼 콘텐츠가 대세인데요. 숏폼 콘텐츠란 쉽게 말해 짧은 기사나 짧은 동영상을 담은 콘텐츠입니다. 그중 15초 내외의 짧은 동영상을 제작하고 공유하는 틱톡의 인기가 매우 높지요. 전 세계 방문자 수 1위 사이트로 선정된 적도 있답니다. 국내에서도 유아동 및 청소년들이 많이 이용하는 플랫폼인데요. 특히 아이들의 시청 시간이 갈수록 늘어난다는 점, 강렬한 재미만큼 중독성이 강하다는 점, 자극적이고 위험한 영상들이 많다는 점에서 부모의 주의가 필요합니다. 관리 방법은 다음과 같습니다. • 부모와 자녀의 계정을 연동하여 자녀의 앱 사용 시간 조정하기 (하루 40~120분 사이로 조정 가능) • '제한 모드' 기능을 활성화시켜 미성년자에게 부적절한 영상이 뜨지 않도록 하기 • 자녀에게 다이렉트 메시지를 보낼 수 있는 사람 범위를 친구로 제한하기 (경우에 따라서는 전면 차단도 가능)

인스타그램	인스타그램뿐만 아니라 소셜미디어의 초기 설정값은 다수 이용자의 편의 또는 해당 기업의 이윤 추구에 맞춰져 있습니다. 그러므로 나에게 맞는 설정값으로 재조정해야 합니다. 인스타그램의 경우, 나의 정보를 팔로우 맺은 친구들에게만 보여 주고 싶을 때는 '설정'에 들어가 계정 공개 범위를 '비공개'로 선택합니다. 또 친한 친구 리스트를 만들어 소수의 사람과 소통하는 방법도 있습니다.

4. 비밀번호는 어려운 조합으로 만들어 해킹에 맞서기

해커의 습격으로부터 자유롭고 안전한 사람은 없습니다. 귀찮고 번거롭더라도 사이트별로 다른 비밀번호를 사용해 주세요. 이때, 생일이나 전화번호와 같이 해커가 쉽게 유출할 수 있는 조합은 피합니다.

간혹, 영악한 자녀가 부모의 정보를 캐내는 해커가 되는 경우도 있는데요. 모르고 당한 뒤 아이를 혼내고 싶지 않다면 부모님도 각종 비밀번호를 다채롭게 설정하세요. 수고스러워도 마음이 편한 쪽이 낫습니다.

5. 'SNS는 허상'이라는 사실 깨닫기

SNS 친구 수가 1,000명이 넘으면 행복할까요? 영국 인류학자 로빈 던바가 주장한 '던바의 수 150'에 따르면 그렇지 않습니다. 그는 연구를 통해 진정한 인간관계는 최대 150명까지만 가능하다고 주장했습니다. 150명이 넘어가면 피상적인 관계일 수밖에 없다는 뜻입니다.

사실 친구 150명도 부담스럽고 피곤합니다. 관계 유지가 어디 공짜로 되나요? 다 그만큼의 시간과 노력을 들여야 합니다. 지금부터는 SNS 친구 수에 연연하지 마세요! 진정으로 마음을 나눌 수 있는 절친 몇 명이면 충분하다는 사실을 아이에게도 알려 주세요.

소셜미디어에 넘쳐 나는 화려하고 멋지고 예쁜 사진도 다르게 볼 필요가 있습니다. 알고 보면 현실의 나보다 이상적인 나를 어필하기 위해 꾸미고 편집

하고 연출한 가공의 이미지입니다. 인스타그램 사진 속에서는 행복해 보여도 실제로는 불행한 경우도 많습니다. 이런 사실을 알고도 SNS 활동에 집착하다가 상대적 박탈감마저 느낀다면 잠시 SNS 접속을 중단해 보세요. 처음엔 어딘지 모르게 허전할 수 있습니다. 그러나 그 시간을 나만의 취미 생활, 가족과의 대화, 친구와의 직접 만남으로 채우다 보면 삶의 만족감이 높아집니다. 이는 여러 실험을 통해 입증된 효과 있는 방법입니다.

6. 아이를 지도할 때는 객관적인 근거를 제시하라!

SNS 과의존(중독)이 염려되는 아이를 바른길로 이끌고 싶을 때, 다음 보기 중 어떤 말로 운을 떼는 게 좋을까요?

① "야! SNS 친구 많은 거? 그거 다 필요 없어. 네가 엄청 힘들 때 그중에 몇 명이나 달려올 것 같아? 10명도 안 와. 그러니까 적당히 해."
② "혹시 '던바의 수'라고 아니? 던바의 수에 따르면 150명 이상은 진짜 친구가 아니야."
③ "네 프로필 사진만 보고 있으면 사진 속 모습이 꼭 너 같지? 근데 막상 거울을 보면 아니고. 맞아! 그런 현상을 스냅챗 이형증이라고 하는데……."

위 보기 중 제가 상담 현장에서 효과를 본 것은 ②와 ③입니다. 아이를 지도할 때 객관적이고 과학적인 근거를 제시하는 것이지요. 단, '매번' 말고 '가끔' 입니다. 사실 전문 용어로 무장한 소통법을 어떻게 아이랑 대화할 때마다 쓰겠어요? 아이의 잘못된 버릇과 습관을 바로잡고야 말겠다는 날, 전문가다운 포스가 필요한 날, 그럴 때 이 책에서 배운 지식을 대화에 녹여 보세요. 설득력이 높아집니다.

거울세계, 이렇게 복제하자!

현실 세계의 모습, 정보, 구조를 3차원 가상공간 안에 거울로 비춘 것처럼 구현한 것을 거울세계라고 했지요? 먼저 이 거울세계와 관련된 두 가지 사례를 소개합니다.

사례1

어느 날, 11세 조카에게 가슴이 두근거리는 미션이 주어졌습니다. 친구들과 집에서 세 정거장 떨어진 가게에 쇼핑을 다녀오는 일이었습니다. 어른에게는 별일 아니지만, 조카에게는 신나는 모험과 같았지요. 친구들과 단톡방에 모여 들뜬 마음으로 실행 계획을 세우더군요. 그 모습이 귀여워 어떻게 하는지 지켜봤는데, 흥미로운 현상을 발견했습니다. 바로 알파 세대가 거울세계를 이용하는 방식인데요. 저였다면 "엄마, OOO는 어떻게 가요?"라고 직접 물어봤을 겁니다. 그런데 조카는 "엄마, 네이버 지도 설치해 주세요!"라고 요청하더군요. 그 후로 부모의 도움은 필요 없었습니다. 자기네들끼리 인터넷 지도 서비스를 이용해 잘 다녀왔으니까요.

사례2

내담자 중에 자기 방을 갖는 게 소원인 9세 아이가 있었습니다. 상담할 때마다 방 타령을 해서 제가 다 안타까울 정도였지요. 그러던 어느 날, 이런 자랑을 하더군요.

"선생님! 제 집, 제 방이 생겼는데 보실래요?"

"정말? 궁금하다! 어디 볼까?"

아이가 내민 스마트폰 화면에는 마인크래프트 속에 지어진 2층 집이 있었습니다. 꽤나 멋지고 훌륭하게 꾸몄더군요. 방이 5개였고, 커다란 도서관, 보물창고 같은 지하 기지까지 있었습니다. 비록 현실 세계의 방은 아니었지만, 아이는 만족하는 눈치였습니다. 이후부턴 소원이 '네더라이트 검(마인크래프트에 등장하는 희귀한 검)'을 얻는 걸로 바뀌었거든요.

이외에도 거울세계 메타버스 속 아이들 이야기는 무수합니다. 예를 들어 줌으로 비대면 원격수업을 받기도 하고, 배달 앱을 이용해 음식을 시켜 먹기도 하지요. 어떤 장소에 찾아가야 할 때는 지도 앱을 이용해 해결합니다. 심지어 마인크래프트 같은 곳에 모여 실제 학교와 비슷한 모양의 건물, 교실을 만들어 놓고 학습을 하거나 가상 졸업식 등을 하기도 하지요.

자녀가 거울세계를 좋아할 때 부모가 해야 할 일

위 사례에서 알 수 있듯이 요즘 아이들은 거울세계를 적극적으로 애용합니다. 바로 효율성과 확장성 때문이지요. 먼저 효율성부터 살펴볼까요?

제 조카가 엄마 찬스 대신에 인터넷 지도 서비스를 이용한 이유는 효율성 때문입니다. 인터넷 지도 서비스를 이용하면 엄마에게 의논하거나, 잔소리를 듣거나, 길을 가다 행인에게 또 물어보는 등 여러 번거로운 과정을 줄일 수 있으니까요. 더불어 부모의 도움과 간섭 없이 비밀스럽게 그들만의 놀이를 즐기고픈 욕구도 작용했습니다.

두 번째 사례에서 소개한 9세 아이가 네더라이트 검을 갖고 싶어 한 이유도 알고 보면 효율성입니다. 다른 검보다 튼튼하고 막강해서 최소한의 공격으로 상대방을 제압할 수 있거든요.

이번엔 효율성의 대상을 '우리'로 넓혀 보겠습니다. 우리가 음식 배달 앱을 선호하는 이유는 무엇일까요? 들인 노력에 비해 얻는 결과가 크기 때문입니다. 음식 배달 앱을 이용하면 몇 분 안에 적당한 식당을 찾아서 메뉴를 고르고 주문하는 등의 과정을 마칠 수 있으니까요.

다음은 '확장성' 탐구입니다. 확장성은 정보의 확장성을 의미하지요. 구글 지도를 예로 들어 볼게요. 구글 지도를 이용하면 이동 경로뿐만 아니라 실시간 교통 상황까지 알 수 있습니다. 스트리트 뷰 서비스를 이용하면 목적지와 주변 거리 모습도 둘러볼 수 있고요.

또 다른 예는 2016년에 출시된 마인크래프트 교육용 에디션입니다. 그 안에 모인 사용자들과 함께 동물 서식지를 탐험하고, 코

마인크래프트 교육용 에디션 실행 화면 (출처-마인크래프트 공식 사이트)

딩 수업을 받고, 실험하고, 토론하고, 주어진 문제를 풀고, 팀별 퀘스트 경쟁도 하는 등 다양한 학습 활동을 하면서 정보의 규모를 늘려 나가지요.

우리 아이들이 거울세계를 좋아하는 이유! 알고 나니 어떠세요? 거울세계 속 아이를 바라보는 여러분의 시각도 넓어졌나요? 저마다의 의견이 있겠지만, 저는 아이들이 기특합니다. 주는 대로, 하라는 대로 거울세계를 받아들이지 않고, 스스로 깨우쳐 나가는 노력을 해서요.

물론 그 노력이 지나쳐서 마인크래프트에 푹 빠진 아이, 원격수업 도중에 몰래 마인크래프트를 하는 아이도 있지만 이는 일부 사례입니다. 대개는 슬기로운 사용을 고민하는 쪽이지요. 보다 자유롭고, 보다 창의적으로 메타버스를 이용하고 싶은데, 부모가 허락을 안 해 줘서 답답해하기도 하고요.

가능한 아이들에게 경험의 기회를 자주 주세요. '알아야 면장을 한다'는 말처럼 메타버스 세계를 알아야 주도적인 사용자가 됩니다. 여기에서 '앎'이란 이론적으로 배워서 아는 것 말고 경험을 통해 얻은 산지식입니다.

그런데 이 조언이 좋다는 건 알아도, 당장은 메타버스 경험보다 공부가 중요하니 "디지털 지구 여행은 수능 끝나고 나서!"를 주장하고픈 분들도 계실 겁니다. 그럴 땐, 프랑스 조각가 오귀스트 로댕의 말을 믿어 보세요!

경험을 현명하게 사용한다면,

그 어떤 일도 시간 낭비는 아니다.

지금 당장은 메타버스 경험에 들인 시간이 낭비 같아 보여도, 결국엔 아이가 메타버스를 슬기롭게 이용하게 되는 자산이 될 겁니다. 다만, 아이에게 거울세계를 경험할 기회와 시간을 줄 때 부모의 지도가 필요합니다. 효율적인 방법으로 아이에게 디지털 루틴을 만들어 주는 지도 말입니다. 어떤 지도법이 있는지 다음 페이지에서 확인해 보세요!

디지털 루틴 만들기 4

부모의 불안은 줄이고, 아이의 만족은 높이는 지도법

1. 주어진 목표 안에서 자율성 높여 주기

사실 마인크래프트는 캐릭터가 정교하지도 않고, 아이템도 단순하며, 심지어 효과음도 별로입니다. 그런데도 아이들이 좋아하는 이유는 무엇일까요? 바로 '자유도'가 높기 때문입니다. 단계별 목표를 수행할 때 선택권과 자율성이 주어져 능력 발휘를 잘할 수도 있고요.

자율성은 아이에게 선택권을 줄 때 높아집니다. 여기서 주의할 것은 "네가 알아서 선택해!"라고 제안하는 건 좋은 방법이 아니라는 점입니다. 아이들은 무한한 선택권을 주면 뭘 할지 몰라 아무것도 안 하거든요. 아니면 한 가지만 죽어라 파고들고요.

따라서 몇 개의 선택지를 제시한 다음, "이 중에서 무엇을 고를래?" 또는 "네가 먼저 제안해 볼래?"와 같은 방향으로 지도해야 효과적입니다.

· 아이와 함께 마인크래프트의 사용 시간을 정할 때

[좋은 지도의 예]

"30분 할래, 1시간 할래?" → 선택을 유도함

* 아이가 둘 다 싫다고 하는 경우

"그럼 네가 제안해 볼래? 우리 둘 다 만족할 만한 방법이 뭐가 있을까?"

→ 자율성과 선택권을 제시함

[나쁜 지도의 예]

"하루에 1시간만 해." → 명령형은 거부감을 일으킴

"네가 알아서 해 봐." → 대책 없는 허용과 방치는 게임 과의존으로 갈 수 있음

사소한 문제라도 아이 스스로 최종 선택을 할 수 있게 도와주면, 아이가 책임감·실천의 기쁨·자기효능감을 동시에 느낄 수 있습니다.

2. 유익한 메타버스는 적극적으로 경험할 기회 주기

아이에게 여러모로 도움이 되는 메타버스라면 적극적으로 하게 해 주는 것이 좋겠지요. 당연한 말인데도 생활 속에서 실천이 어려운 이유는 부모님이 생각하는 유익한 메타버스의 기준이 진짜 유익한 메타버스의 기준과 다르기 때문입니다.

예를 들어 부모님 기준에서는 원격수업을 위한 메타버스는 유익하지만, 가상세계 메타버스는 유해하다고 생각하지요. 하지만 유익한 온라인 게임도 얼마든지 있습니다. 다른 콘텐츠도 마찬가지이고요. 유익한 기준을 잘 모르시겠다고요? 그렇다면 이 책을 끝까지 읽어 보세요! 분별력이 올라갑니다.

3. 아이에게 긍정의 거울 되어 주기

혹시 '거울뉴런의 원칙'을 아세요? 거울뉴런은 타인의 행동을 관찰할 때 활성화되는 신경세포인데요. 타인의 행동 모방뿐만 아니라 의도 파악, 공감 능력, 문화 흡수에도 관여합니다. 이 말은 곧, 아이가 부모의 말투와 행동을 모방함은 물론, 부모가 아이에게 거울 같은 역할 모델이 된다는 의미입니다.

그러므로 아이가 부모에게 어떤 행동을 했을 때 온 마음을 다해 공감해 주고, 인정해 주고, 반응을 보여 주세요. 부모의 이러한 반응은 아이의 긍정적인 자아상으로 이어집니다.

가상세계, 이렇게 놀자!

"아무도 없는 무인도에 가서 일주일만 살다 오면 좋겠어요."

부모 상담 때 자주 듣는 단골 멘트입니다. 저도 종종 무인도에서 유유자적하게 쉬고 놀고먹는 슬로우 라이프를 꿈꿉니다. 아이들도 매한가지입니다. 학교, 학원, 숙제 없는 섬에 가서 내 마음대로 살아 봤으면 좋겠다고 말합니다.

갑자기 웬 무인도 이야기냐고요? 사람들의 이런 무인도 드림이 닌텐도 스위치용 게임 모여봐요 동물의 숲(이하 모동숲)에서 구현되었기 때문입니다. 2020년에 출시된 모동숲은 대표적인 메타버스 게임 중 하나로, 지금까지도 인기가 많습니다.

모동숲을 통해 배우는
요즘 아이들의 게임 생태계

모동숲의 플레이 방법과 특징을 살펴볼까요? 제일 먼저 유저는 자신의 집을 지을 무인도를 하나 고르고 이주를 합니다. 무인도에 도착한 뒤에는 섬 곳곳을 다양하게 꾸며서 나만의 섬으로 개척해 나갑니다. 아무것도 하기 싫으면 그냥 있어도 됩니다. 이사온 동물 주민들과 어울리고 놀면서 섬 곳곳을 탐험할 수도 있습니다. 자유도가 매우 높은 게임이지요.

이 게임의 독특한 점은 게임 속 시간이 현실 세계와 똑같이 흘러간다는 점입니다. 즉, 유저가 한동안 모동숲을 안 해도 그 속에 만들어 놓은 무인도는 시간의 영향을 받는다는 말이지요. 예를 들어 장시간 접속하지 않고 방치하면, 집 안에 바퀴벌레가 기어 다닙니다. 섬 곳곳에는 잡초가 무성하게 자라고요. 심지어 내 아바타의 머리 모양은 부스스한 산발로 변합니다. 어찌 보면 꾸준한 접속을 유도하는 닌텐도의 전략이지만, 유저 입장에서는 속상한 일입니다.

한 예로 평소 공부도, 게임도 균형 있게 스스로 잘하던 아이가 모동숲만은 시험 기간에도 하겠다고 고집을 부렸답니다. 엄마는 영문을 몰라 당황했다던데, 그 이유가 바로 이러한 모동숲의 특징 때문이었던 겁니다.

모여봐요 동물의 숲 실행 화면 (출처-닌텐도)

또 하나의 특징은 커뮤니케이션 게임답게 커뮤니티 기능이 잘 되어 있습니다. 무인도 생활이 외롭지 않도록 동물 주민들이 나타나 도움을 청하기도 합니다. 여기까지는 다른 게임과 비슷하지요.

특이한 점은 모동숲을 하는 현실 세계 친구의 아바타를 내 섬에 초대하여 놀 수 있다는 것인데요. 이는 메타버스 게임 특성에 해당됩니다. 여러 친구들의 아바타가 한 무인도에서 만나 무엇을 하며 놀까요? 풍부한 놀거리 중 일부만 소개하자면, 호감 가는 동물 친구를 데려오기도 하고, 농작물을 키우거나 다양한 생물을 채집합니다. 또 가구를 제작하거나 요리를 만들기도 하고, 섬에서 열리는 다양한 이벤트에 참여할 수도 있지요.

이렇게 현실 세계 사용자들이 모동숲에 모여 서로의 시공간을 공유하면 어떤 현상이 일어날까요? 사용자들 사이에 친밀감과 연대감이 형성됩니다. 이것이 1장 5화에서 설명한 메타버스 게임의 중요한 기능인 '유저 간 상호작용에서 일어나는 사회화'입니다.

어떤 분은 이를 아이들만의 소소한 놀이, 작은 커뮤니티라고 여기겠지만 아닙니다. 정치인도, 기업도, 성인도 이런 기능을 적극 활용하고 있습니다.

실례로 미국의 바이든 대통령은 후보자 시절에 모동숲 안에 'Biden HQ'라는 섬을 만들어 선거 캠페인을 진행했습니다. LG전자는 모동숲에 3가지 테마존으로 이루어진 'LG홈아일랜드'를 운영 중이고요. 어떤 커플은 코로나19로 결혼식이 취소되자 모동숲에 친구들을 불러 온라인 결혼식을 올렸습니다. 혹시 '게임 안에서 별의별 활동을 다 하네.', '게임이 우리 때랑은 다르네.' 등과 같은 생각이 들지 않나요? 이러한 다양한 문화가 바로 새로운 시각으로 가상세계 메타버스 속 사용자들을 봐야 하는 이유입니다. 온라인 게임에 대한 인식도 지금보다 넓어져야 하고요.

여러분은 '게임' 하면 무엇이 떠오르나요? 메타버스 주 사용자라면 자연스럽게 포켓몬 GO, 로블록스, 마인크래프트, 포트나이트, 월드 오브 워크래프트, 리니지 등의 게임이 생각날 겁니다. 저는 추억의 아케이드 게임 '보글보글'이 떠오릅니다. 보글보글은 귀여운 버블드래곤이 달려오는 괴물에게 거품을 쏴서 없애면 각양각색의 아이템을 얻는 게임입니다.

이 게임이 제게 특별한 이유는 그동안 접한 게임 중에 유일하게 100판, 만랩(최대 레벨 구간에 다다른 것을 뜻함)을 달성한 게임이라서 그렇습니다. 그 당시엔 보글보글을 오락실에서만 할 수 있었기 때문에 백 원짜리 동전을 수북하게 쌓아 놓고 열을 올렸던 추억이 지금도 새록새록 합니다.

이 사실을 전혀 모르는 제 부모님이 알면 "너 그때 고등학생이었는데, 정신이 나갔었네."라고 말씀하실 것 같습니다. 기성세대의 시각 같다고요? 하지만 게임에 푹 빠진 아이 때문에 상담하러 온 요즘 부모님들도 이와 비슷한 표현을 하십니다.

"얘가 게임에 미친 것 같아요."

아이가 현실과 동떨어진 가상세계로 도피한 것이라면 그럴 수 있습니다. 하지만 요즘 아이들이 접하는 게임 생태계는 예전과 다

롭니다. 현실과 가상세계가 연결되어 그 안에서 사회, 문화, 경제 활동이 이루어지는 메타버스 게임도 있고, 기존 게임 같은 것도 많습니다. 그래서 게임에 심취한 모양새는 같아도 활동 형태는 유저마다 제각각입니다. 보이는 그대로 게임 과몰입 상태일 수도 있지만, 신세계를 탐험 중일 수도 있습니다. 아니면 친구와 소통 중이거나 새로운 도전, 글로벌한 만남, 사회적 교류, 판매 아이템 제작, 공연 관람, 이벤트 참여, 게임 연구, 게임 쪽 진로 등을 경험 중일 수도 있고요. 심지어 새로운 지식을 얻으며 공부하는 중일 수도 있습니다.

게임에 대한 부정적 인식에 새로운 시각과 다양한 잣대를 더하기

그렇다면 가상세계 메타버스 속 아이들을 어떻게 지도해야 올바른 디지털 루틴이 생길까요? 우선 게임에 대한 부정적인 시각을 거두어들이세요. 물론 쉬운 일은 아닙니다. 관대한 마음으로 아이의 게임 활동을 지켜보다가도, 사용 시간이 길어지면 걱정이 앞섭니다. 각종 부작용이 나타나면 잔소리가 절로 나오고요.

저도 게임하는 아들의 뒤통수를 노려보면서 "게임이 밥 먹여 주니?", "이 게임기들 다 없애 버릴 거야!"라고 쏘아붙이고 싶을 때가 있었습니다. 부모 마음은 다 거기서 거기, 비슷합니다. 제가 목구멍까지 올라온 그 말을 참은 건 수많은 현장 경험 때문입니다. 부모의 속 타는 호소가 아이에게 통하면 좋을 텐데, 대개는 더 큰 갈등을 초래하거든요.

이 이야기가 우리 집 이야기 같다는 분들은 가상세계에 머물고 싶은 아이의 마음을 한 번 더 헤아려 주세요. 팍팍한 현실에서 유능한 인재가 되는 건 어렵고 막막한데, 가상세계에서는 그 길이 보이거든요. 조금만 더 노력하면 좋은 결과를 얻을 수 있을 것 같고, 보상도 잘 이뤄지니까요. 게다가 색다른 모험의 재미는 현실 속 고민을 잊게 해 줍니다. 어떨 때는 코끝 찡한 감동과 위로까지 받을 수 있고요. 과장된 주장이라고 생각하실까 봐 상담 사례 하나를 소개합니다.

사례

한 아이가 생일에 모동숲을 하다가 울컥했다고 합니다. 그날 늦게까지 가족은 물론이고 아무에게도 축하를 받지 못해 우울했는데, 게임 속에서 같은 섬에 사는 동물 주민들이 찾아와 기대 이상의 생일 이벤트를 열어 줬거든요. 그런데 밤늦게 귀가한 부모님은 아이를 보자마자 잠은 안 자고 게임만 한다고 혼을 냈답니다. 아이는 매우 서운했지요.

이 아이처럼 실제로 게임 속에서 행복함을 느끼는 아이들이 많이 있습니다. 그러니 가상세계 메타버스 속 아이들을 바라보는 시야를 넓혀 주세요. 그다음에는 바른 자세로 가상세계를 이용하는 디지털 루틴을 아이에게 만들어 주고요. 이건 아이들의 건강한 성장과 직결된 문제이므로, 이유를 불문하고 모두 실천해야 하는 사항입니다. 현장 교육 때 아이들과 이야기를 나눠 보니 다행히 아이들도 본인 건강에 관심이 많았습니다. 실천할 마음도 있고요. 문제는 의지가 약해서 생활 속 실천으로 잘 이어지지 않았습니다. 더러는 잘못된 상식을 옳다고 믿는 아이들도 있고요.

디지털 루틴 만들기 5에서 소개할 바른 자세, 바른 사용법을 우리 아이들이 매일 실천할 수 있도록 도와주세요. 혹시 아이가 가상세계 메타버스에 빠진 정도가 너무 심해서 바른 자세를 논할 단계가 아니라면 4장 1화를 펼쳐 보세요. 정도에 맞는 해결법이 다 있답니다.

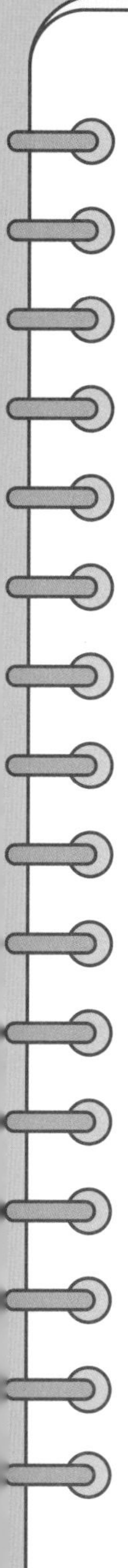

디지털 루틴 만들기 5

바른 자세와 바른 사용법으로 놀자!

1. 바른 사용 습관으로 VDT 증후군 예방하기

디지털 기기를 장시간 사용했을 때 생기는 신체 질환은 무엇이 있을까요? 거북목 증후군, 시력 저하, 안구 건조증, 근막통증 증후군, 손목터널 증후군 등이 있는데요. 이를 통칭해서 VDT 증후군Visual Display Terminal Syndrome이라고 합니다. 아래 나와 있는 바른 자세와 바른 사용법을 생활화하면, VDT 증후군을 예방할 수 있습니다. 만약 이미 증상이 발생했다면, 이를 통해 통증을 개선하는 효과를 얻을 수 있습니다.

신체 부위별 관련 질환	예방과 관련된 바른 자세 및 바른 사용법
목 • 거북목 증후군	▶컴퓨터 모니터 사용 시 · 눈높이가 모니터 상단과 일치하도록 모니터 높이를 조절하기 · 모니터는 몸에서 팔길이만큼 떨어진 곳에 놓기 · 컴퓨터를 사용할 때 팔, 다리의 각도가 90도가 되게끔 의자 높이 조절하기 · 옆에서 볼 때 귀, 어깨, 골반부가 일직선이 된 자세로 앉기

신체 부위별 관련 질환	예방과 관련된 바른 자세 및 바른 사용법
목 • 거북목 증후군	▶스마트폰 사용 시 · 액정 화면을 눈높이에 맞추기 · 평상시에도 목, 어깨, 등, 허리를 곧게 펴고 있기 · 일자목 예방 스트레칭과 셀프 마사지를 자주 하기 · 턱을 뒤로 당기는 자세를 취하기
눈 • 시력 저하 • 안구 건조증	· 디지털 기기를 볼 때 주변 조명이나 방 안을 밝게 하기 · 눈을 의식적으로 자주 깜빡이기 · 40~50분간 스마트폰을 보고 나면 10분 정도는 먼 곳을 응시하면서 휴식하기 · 눈이 건조해지는 증상이 있을 때는 인공눈물 또는 안약을 증상에 맞게 넣고 휴식하기 · 디지털 기기를 장시간 사용하지 않기
손목 및 근육 • 근막통증 증후군 • 손목터널 증후군	· 틈틈이 스트레칭을 하고 목과 손목 돌리기 · 스마트폰 화면을 넘길 때는 스마트폰을 잡고 있는 쪽의 손가락을 이용하지 말고, 다른 쪽 손으로 넘기기 · 손목 보호대 착용하기 · 따뜻하게 찜질해 주기 · 손으로 눌렀을 때 통증이 가장 심한 부위를 엄지손가락으로 지그시 10초 정도 눌렀다가 떼는 마사지를 반복하기

2. 인기 게임의 성공 전략 활용하기

아이들이 좋아하는 마인크래프트와 모동숲에는 공통점이 있습니다. 바로 자유도가 높아 아무것도 안 해도 되는데, 더 열심히 분발해서 플레이를 하게끔 만듭니다. 숨은 전략은 크게 두 가지! 목표 제시와 적절한 보상입니다. 가상세계 속 도구를 이용해 무언인가를 만들고 나면 성취감도 느낄 수 있습니다. 기발하지요? 부모님도 이런 전략을 써 보시면 어떨까요?

예를 들어 보겠습니다. 앞에 나온 1번의 내용을 아이에게 적용할 때, 간섭·감독·처벌의 방식을 취하면 아이는 얼마 안 가 중도 포기하거나 반발합니다. 반대로 1번의 내용을 문서화하여 잘 보이는 곳에 붙여 놓고 아이에게 자율적인 실천을 부탁합니다. 이후 아이가 스스로 지키거나 부모의 충고를 수용해 나쁜 자세를 바르게 고쳤다면 다양한 보상을 줍니다. 단, 아이와 미리 협의한 보상이어야 합니다. 부모가 즉흥적 또는 일방적으로 제시하는 대가성 보상은 안 주느니만 못하기 때문입니다.

- **대가성 보상의 예**

  "바른 자세로 컴퓨터 하면 선물(또는 용돈이나 간식) 줄게."

  "바른 자세로 스마트폰 하면 사용 시간을 더 늘려 줄게."

  → 아이가 이러한 대가성 보상 방식에 익숙해지면 보상이 없는 일은 안 하려고 함

- **아이와 보상을 미리 협의하는 대화법의 예**

  "바른 자세로 앉아서 스마트폰을 하면 보상을 줄게. 어떤 보상을 받고 싶니? 우리 함께 정해 볼까?"

METAVERSE
METAVERSE
METAVERSE
METAVERSE

똑똑한 지도법 넷

걱정 없다! 문제 상황을 해결하는 '이럴 땐 어떻게?!'

아이가 메타버스를 사용하다가 문제를 일으키거나 어떤 일에 휘말렸을 때, 우왕좌왕하는 부모와 그렇지 않은 부모의 차이는 무엇일까요? 바로 '문제해결력의 유무'입니다. 4장에서는 현장 사례를 통해 문제해결자가 되는 방법을 소개합니다.

1

메타버스에서 나오지 않는 아이, 이렇게 하세요!

사례1 "아이가 방학 내내 게임하고 동영상만 보더라고요. 화가 나서 스마트폰을 압수했더니 난동을 부렸어요."

사례2 "제 자식이지만 정말 너무합니다. 방에 틀어박혀 스마트폰만 하면서 툭하면 음식을 배달시켜 먹어요. 필요한 물건은 전부 온라인 쇼핑으로 해결하고요."

사례3 "아이가 식사 중에도 SNS를 하느라 밥을 먹는 둥 마는 둥 합니다. 그러지 말라는 아빠 말은 귓등으로 듣고요. 저러다 일 나지 싶었는데, 결국 사달이 났어요. 참다못한 남편이 아이 스마트폰을 박살 냈거든요."

이 내용은 모두 실제 상담 사례입니다. 첫 번째 예는 가상세계에 푹 빠진 15세 중학생, 두 번째 예는 메타버스 안에서 모든 걸 해결하는 17세 고등학생, 세 번째 예는 라이프로깅 세계에서 헤어나오지 못하는 12세 초등학생입니다. 학생들의 사연은 모두 다르지만, 공통적인 증상이 있습니다. 바로 메타버스에 푹 빠져서 부모 말을 안 듣는다는 점이지요.

만약에 우리 아이가 이렇다면 어떨까요? 생각만 해도 골치가 아픕니다. 실제로 이런 상황을 겪으면 알게 되고요. 속상해 죽겠는데 어찌할 수 없는 무력감과 난감함이 무엇인지 말입니다. 이런 상황은 어느 가정에서나 발생할 수 있는 문제입니다. 그러므로 그 원인과 적절한 대처법을 알고 있어야 합니다. 우선 주요 원인 3가지를 살펴보겠습니다.

메타버스에 빠진 아이가 부모에게 반항적인 이유

첫째, 멈출 수 없는 쾌감, 도파민의 영향력!

앞에서 자극과 쾌락을 원하는 호르몬이라고 소개한 '도파민' 기억나시지요? 도파민은 우리를 흥분시켜 삶의 의욕과 기쁨을 부여합니다. 우리가 어디에 집중하면 좋을지 알려 주는 신경전달물질이지요. 이 물질은 운동신경을 조절하고, 뇌의 보상 시스템에도 중요한 역할을 합니다.

예를 들어 도파민이 적당하면 작업 능률, 집중력, 기억력이 향상되고 성취감을 느낍니다. 부족하면 무기력증, 우울증, ADHD 같은 질환이 발생할 수 있지요. 과하면 집착과 충동성이 높아져 감정 조절이 어렵고, 각종 중독 증세나 정신 질환이 생길 수도 있습니다. 그러므로 균형 있는 도파민 분비가 매우 중요합니다.

그렇다면 메타버스를 사용할 때 주로 어떤 상황에서 도파민 수치가 올라갈까요? 새로운 정보를 접할 때, 좋아하는 게임을 할 때, SNS 알림을 확인할 때, 자극적인 영상을 볼 때입니다. 즉, 우리가 메타버스에 접속하기 위해 스마트폰을 터치하는 순간부터 도파민 분비가 이루어집니다. 도파민의 분비가 증가하면 결과적으로 스마트폰 클릭을 거듭하게 만들어 메타버스 사용 시간이 증가하고, 더 나아가 집착으로까지 이어지지요.

아이가 이런 상황에 놓이면 일상 자극으로는 도파민 분비가 잘 안되기 때문에 더욱 강한 자극과 보상을 갈망합니다. 잠깐의 심심함도 참지 못해 또다시 스마트폰을 잡게 되고요. 도파민 분비가 촉진되지 않는 활동에는 흥미를 느끼지 못하므로, 결국에는 앞에서 본 첫 번째, 세 번째 속 아이처럼 행동하게 됩니다.

그러므로 아이들이 앞에 나온 예시 속 행동을 한다고 해서 아이를 나무라면 안 됩니다. 도파민의 영향을 받고 있는 거니까요. 부모는 아이가 도파민의 지배에서 벗어나도록 도와줘야 합니다. 단, 아이가 부모의 말을 무시하고 제멋대로 구는 행동까지 도파민 탓으로 돌리면 안 됩니다. 그건 다음의 이유 때문이니까요.

둘째, 부모의 진정한 권위를 잃어서

여기서 말하는 진정한 권위란 '권위적인 부모' 말고 '권위 있는 부모'를 뜻합니다. 참고로 첫 번째 예시 속 아이의 부모는 권위적인 부모, 두 번째 예시 속 아이의 부모는 허용적인 부모, 세 번째 예시 속 아이의 부모는 권위적이면서 허용적인 부모였습니다. 정확히 무슨 차이가 있는지 비교하기 쉽게 표로 정리해 봤습니다.

부모 유형	유형별 특징
권위적·독재적 부모	• 양육 스타일이 엄격하고 권위주의적이다. • 독단적으로 정한 규칙을 자녀가 따르도록 강요하고 통제한다. • 자녀 양육에 있어서 간섭·감독·처벌은 잘하지만, 칭찬·격려 등의 지지적 표현에는 인색하고 애정이 부족하다. • 자녀가 잘못했을 때 합리적인 설명보다는 지시·명령·훈계의 언어를 자주 사용한다.
허용적 부모	• 무조건적인 허용과 자율적 훈육 방식으로 자녀가 제멋대로 행동하도록 내버려 둔다. • 적절한 양육에 무관심하기 때문에 가정 내 질서와 규율이 없다. • 통제와 처벌도 하지 않는다.

부모 유형	유형별 특징
민주적이고, 권위 있는 부모	• 자녀의 의견과 감정을 존중하고, 민주적인 대화 방식과 경청을 통해 갈등과 문제를 풀어 나간다. • 높은 수준의 정서적 반응과 통제력을 발휘해 자녀 스스로 합리적인 판단과 결정을 하도록 도와준다. • 결과적으로 자녀의 자기통제력과 문제해결력을 길러 준다. • 적절한 훈육 방법을 알고 있으며 칭찬과 격려를 통해 자녀의 잠재 능력을 끌어낸다.

각 부모 유형의 특징, 잘 아시겠지요? 앞에서 예시로 소개한 세 아이와 부모님을 합쳐서 부연 설명을 하면 다음과 같습니다.

현장 사례 내용	부모 유형 및 진단 / 아이가 문제 행동을 한 이유
사례1 • 아이가 방학 내내 게임하고 동영상만 보았다. • 스마트폰을 압수했더니 난동을 부렸다.	• **부모 유형** : 권위적인 부모 • **부모 진단** 지시와 명령어를 사용하여 강압적으로 게임과 동영상 이용을 제지함. "이제 게임 그만해!", "스마트폰 압수야.", "정지시킬 거야." 등의 발언을 함. • **아이가 난동 부린 이유** 매번 강제로 스마트폰을 뺏거나 못하게 하는 부모에게 그동안 쌓인 반감이 폭발했기 때문임.
사례2 • 방에 틀어박혀 스마트폰만 하면서 툭하면 배달 음식을 시켜 먹었다. • 필요한 물건도 전부 온라인 쇼핑으로 해결했다.	• **부모 유형** : 허용적인 부모 • **부모 진단** 아이가 부모의 허락 없이 신용카드를 이용해 음식을 배달시켜 먹고 온라인 쇼핑을 해도 잔소리만 할 뿐, 통제와 처벌을 안 함. 적절한 훈육법도 모름. • **아이가 제멋대로 구는 이유** 어릴 때부터 방임적인 양육 환경에서 자랐기 때문에 바른 판단력과 자기통제력이 부족하고 정서가 불안정함. 본인이 부모보다 가족 서열이 높다고 생각해 부모를 깔보는 경향이 있음.

현장 사례 내용	부모 유형 및 진단 / 아이가 문제 행동을 한 이유
사례3 • 아이가 식사 중에도 SNS를 하느라 밥을 먹는 둥 마는 둥 했다. • 부모는 그럴 때마다 주의를 줬는데, 아이의 태도가 개선되지 않았다. • 아빠가 화를 못 참고 아이의 스마트폰을 빼앗아 박살 냈다.	• **부모 유형** : 권위적+허용적인 부모 • **부모 진단** 아이가 때와 장소를 구분하지 않고 SNS를 할 때, 어떨 때는 주의만 주고 넘어가고 (아이는 이를 허용으로 받아들임), 어떨 때는 스마트폰을 부수는 과격한 처벌로 다스림. • **아이가 부모의 주의를 무시한 이유** 아이가 잘못된 행동을 했을 때 이를 대하는 부모의 훈육 태도가 일관적이지 않았기 때문임. 이럴 경우, 아이는 심리적 혼란을 느껴 부모의 기분을 살피는 눈치만 늘고, 그때그때 분위기를 봐 가면서 문제 행동을 계속함.

여러분은 어느 부모 유형에 속하시나요? 간혹 어떤 분은 부모가 권위적이어야 아이가 잘 따른다고 오해하는데, 그건 잠깐 그때뿐입니다. 유아동기 때는 부모의 권위적인 말과 행동에 복종하는 자세를 취하지만, 마음속에는 원망·슬픔·답답함이 가득합니다. 그러다 청소년기가 되면 그동안 부모에게 쌓인 반감이 터지면서 공격적인 행동을 보이게 되지요(더욱 상세한 설명과 부모 유형 테스트 및 결과는 제 전작《슬기로운 스마트폰 생활》을 참고해 주세요.).

셋째, 현실의 아픔을 끌어안고 가상공간으로 도피했을 때

두 번째 예시 속 아이는 가정 방문 상담 사례였는데요, 이 경우처럼 직접 집으로 찾아가야만 만날 수 있는 아이들이 있습니다. 바로 '은둔형 외톨이'입니다. 한창 바깥 활동을 좋아할 나이에 스스로 칩거 생활을 선택할 때는 그만한 사연과 아픔이 다 있습니다.

이 아이는 학교 폭력을 당한 후 자퇴를 한 케이스였습니다. 저는 이 아이와 상담할 때마다 스마트폰의 영향력을 실감했습니다. 인터넷이 연결된 스마트폰만 있으면 끼니 해결은 물론 생필품 구입, 각종 정보 습득, 다양한 콘텐츠 이용이 다 되니까요. 그래서인지 아이는 은둔 생활을 그만둘 필요성을 못 느꼈습니다. 오히려 그 생활에 적응하고 나니 외출을 꺼리게 되었지요.

그러다 보니 대인기피증과 피해의식이 심해졌습니다. 현실과 가상세계를 구분하는 능력은 떨어졌고요. 분노와 원망이 치밀어 오를 땐, 만만한 엄마에게 화풀이를 하며 온종일 괴롭혔습니다. 엄마도 처음에는 측은지심으로 다 받아 주었는데요. 그러다 순간 화를 참지 못해 아이와 크게 몸싸움을 하게 되어 경찰이 출동한 적도 있었습니다.

물론 모든 은둔형 아이가 이 아이처럼 행동하진 않습니다. 이보다 덜하거나 더한 경우도 있습니다. 하지만 대다수가 스마트폰을 하면서 고립된 상황을 견뎌 내는 모습은 비슷합니다.

메타버스에 빠진 아이를
색안경을 끼고 보면 안 되는 까닭

아이들은 메타버스 안에서 또 다른 자아를 실현합니다. 스티븐 스필버그 감독의 영화 〈레디 플레이어 원〉의 주인공 웨이드 와츠처럼 말이지요. 고아로 자란 웨이드는 촉각, 힘, 운동감이 느껴지는 옷 햅틱 슈트haptic suit와 VR 헤드셋을 착용하고 '오아시스'라는 가상현실 속에서 영웅으로 활약합니다. 누구나 원하는 캐릭터가 될 수 있고, 상상하고 소망하는 모든 것이 이루어지는 가상공간이 있다면 우리 아이들도 웨이드 와츠처럼 되고 싶지 않을까요? 그래서 메타버스에 빠져 사는 건 아닐까요?

저는 답답한 현실에 갇힌 아이들이 메타버스를 통해 대리만족을 느끼는 현상을 자주 목격합니다. 앞서 소개한 마인크래프트 속에 자기만의 방을 만든 아이가 그랬고, 각종 게임 속에서 용사, 모험가, 개척자, 탐정, 훈련사, 선수가 된 아이들도 그랬습니다.

아이들의 이런 속내를 알고 나니 해결책이 더욱 궁금하시지요? 아이들만 단속해서 될 문제가 아니니까요. 다음에 소개하는 메타버스 탈출법을 읽고 실천해 보세요. 다툼과 충돌 없이 아이를 메타버스에서 나오게 할 수 있습니다.

디지털 루틴 만들기 6

거정을 안심으로 바꾸는 메타버스 탈출법

1. 도파민의 작용 원리 알려 주기

아이가 게임, 동영상, SNS에 푹 빠져 있을 때 "그만 좀 해라! 그러다 중독돼!"라고 말해 본 적 있나요? 이러한 충고, 훈계, 명령, 으름장 등은 아이들에게 대부분 안 먹힙니다. 아이의 반발 심리가 작용하기 때문이지요. 특히나 아이들은 '중독'이란 용어를 싫어합니다. 설사 본인들 입으로는 "나 게임 중독이야."라고 말하고 다녀도, 부모가 "넌 게임 중독이야!"라고 말하면 중독자 취급한다고 기분 나빠합니다.

아이 마음을 움직이는 말은 중독이 아니라 '도파민'입니다. 아이들에게 메타버스 활동을 할 때 나오는 도파민의 작용 원리에 대해 알려 주세요. 다음과 같은 상황에서의 좋은 예와 나쁜 예를 참고해서요.

· 아이가 식사 중에 SNS를 하는 상황

[좋은 예]

부모 "밥 먹을 때도 자꾸만 SNS를 하게 되지? 그게 다 도파민 때문이야."

아이 "도파민?" (관심 어린 반응)

부모 "어. 도파민. 스마트폰을 터치할 때마다 뇌에서 도파민이라는 물질이 분비되는데, 그 물질이 많아지면 스마트폰을 멈출 수가 없대."

아이 "그래?" (공감 또는 궁금함의 반응)

→ 이후 대화의 흐름은 아이의 유형에 따라 다르지만, 중독이라고 말할 때보다 훨씬 협조적임

[나쁜 예]

부모 "밥 먹을 땐 스마트폰 하지 말라고 했지? 계속하면 스마트폰 압수야."

아이 "아, 알았어! 밥 먹으면 되잖아." (마지못해 따르는 척하거나 건성으로 들음)

→ 이후 같은 상황이 반복될 가능성이 높고, 갈등이 더 커질 수 있음

2. 메타버스 활동 마무리를 돕는 단계별 전략 쓰기

어떤 활동을 하다가 마칠 때 정리의 시간이 필요한 것처럼, 메타버스 활동도 정리할 시간이 필요합니다. 아이가 가상세계에서 빠져나와 현실 세계로 돌아와야 할 때 다음의 단계별 전략을 활용하세요. 시간 개념이 사라진 아이, 메타버스 접속을 끝내지 않으려는 아이에게 효과적인 지도법입니다.

1단계 정리 시간을 물어보고 알려 주기

지도 순서는 '마칠 때가 됐음을 환기 → 아이에게 정리 시간 물어보기 → 현재 시간 안내 → 남은 정리 시간 안내 → 종료 안내'입니다.

[실전 대화법]

부모 "이제 스마트폰 그만할 시간인데, 정리 시간 얼마큼 주면 돼?"

아이 "15분?"

부모 "15분 후? 알았어, 지금이 8시니까 8시 15분에 마치자!"

(8:10이 되면) "5분 전이야."

(8:15이 되면) "8시 15분이야." (또는) "약속한 시간 다 됐어."

2단계 메타버스 사용 기기는 미리 약속한 장소에 두기

메타버스에 접속하기 전에 스마트폰, 태블릿 PC, 노트북 등과 같은 디지털 기기를 어디에 보관해야 할지 아이와 미리 상의하여 정해 놓습니다. 이후 메타버스 사용을 마치면 아이 스스로 사용 기기를 갖다 놓도록 격려합니다. 아이 주변에 기기가 없어야 메타버스의 유혹이 줄어들거든요.

3단계 긍정적인 보상으로 행동을 강화시키기

칭찬 같은 긍정적인 보상은 효과가 좋은 행동 강화 전략입니다. 아이가 정리 시간 안에 메타버스 활동을 마치고 사용 기기까지 보관 장소에 갖다 놓으면 진심 어린 칭찬을 꼭 해 주세요!

4단계 부모의 말과 약속을 무시할 때는 성취 압력 높이기

온라인 접속을 끊지 않고 계속할 때는 ①현재 상태를 담담하게 일러 주면서 ②추가 제안을 하고 ③성취 압력을 줍니다.

[실전 대화법]

"마칠 시간인데, 계속하는구나(①현재 상태 환기). 그럼 10분 더 줄게(②추가 제안). 그때도 못 마치면 더한 시간만큼 내일 사용 시간에서 뺀다(③성취 압력)."

추가 정리 시간을 줬는데도 계속할 때는 성취 압력을 더 높입니다.

[실전 대화법]

"정리 시간 안에 못 마치는 걸 보니 오늘은 더 하고 싶구나? 알았어! 네 뜻대로 해! 그 대신 내일은 디지털 디톡스digital detox를 하자! 하루가 싫으면, 며칠 더 해도 괜찮고(추가 성취 압력)!"

이 제안에 대한 아이의 반응은 대략 두 가지입니다. 짜증을 내면서 메타버스 활동을 멈추거나 더 하거나! 만약 후자라면 권유한 대로 디지털 디톡스를 합니다. 디지털 기기의 사용을 중단하고 휴식을 하는 것이지요. 그런 뒤 메타버스 과의존 상담을 알아봅니다. 이 상황은 이미 아이가 부모의 지도 영역을 넘어섰다는 것을 뜻하거든요.

5단계 메타버스 사용 기기는 아이가 그 자리에 없을 때 치우기

4단계인 디지털 디톡스를 실행한 뒤에는 부모의 기분도 상해 있기 마련입니다. 약이 오르기도 하고 부모를 무시하는 것 같아서요. 본때를 보여 줘야겠다는 마음에 아이가 보는 앞에서 메타버스 사용 기기를 치우거나 압수하는 분들도 계시는데요. 이는 부모의 기분을 감정적으로 드러내는 것일 뿐 자녀 지도에는 도움이 되지 않습니다. 금단 증상을 촉발하는 나쁜 자극이 되기 때문입니다.
금단 증상이란 인터넷과 스마트폰 사용을 중단했을 때 견디기 힘들 정도로 괴로운 증상을 말합니다. 즉, 고위험군 아이들은 메타버스 사용을 멈추면 불안, 초조, 우울, 공허, 짜증이 순간적으로 솟구친다는 말이지요.
이럴 땐 아이를 잠시 그대로 둬야 평상심을 되찾습니다. 부모가 감정적으로 대응하면 분노가 폭발하여 폭군처럼 행동하거든요.

3. 권위 있는 부모 되기

사실 권위 있는 부모가 무엇인지 이론적으로 알아도 실제로 되는 건 어렵습니다. 능력보다는 부단한 노력과 인내심이 필요하기 때문이지요. 그렇다고 불가능한 것도 아닙니다. 일단 아이에게 '친구 같은 부모'가 돼 주고 싶다는 소망부터 접으세요! 아이들은 부모의 깊은 속마음을 헤아릴 능력이 부족하기 때문에 친구 같은 부모를 자기와 동급 또는 아랫사람으로 여길 수 있습니다. 부모는 아이보다 서열이 높아야 권위가 삽니다. 이걸 명심하신 후 이 책에서 제안하는 비법들을 실천해 보세요. 민주적이고 권위 있는 부모가 되는 방법만 골라 제시해 놓았거든요. 실행 과정은 힘들어도 이상적인 부모상(父母像)이 나(부모)의 모습이 됩니다.

4. 부모 선에서 해결하기 힘들 땐 전문가나 관련 기관 도움 받기

아이의 문제 행동 중에는 양육자가 해결할 수 없는 부분도 있습니다. 특히 메타버스 과의존 증상이 심각하거나 오랫동안 은둔형 외톨이 생활을 한 아이들은 관련 기관이나 전문가의 도움을 받는 것이 좋습니다.

2

로벅스 때문에 거짓말하는 아이, 혼낼까? 말까?

아래는 제 상담 일화입니다. 로블록스에 푹 빠진 11세 지호(가명)와 상담하는 날이었는데요. 지호가 상기된 표정으로 카드를 한 장 내밀었습니다.

"선생님! 이거 좀 쓸 수 있게 도와주세요."

"구글플레이 기프트 카드네?"

"네. 총 6만 원이에요."

"와, 6만 원이면 큰돈인데 어디서 났어?"

"엄마한테 생일 선물로 받았어요."

"그래? 엄마가 선심 쓰셨네."

"네. 제가 로벅스 충전하고 싶다고 엄청 졸랐거든요."

"오, 그랬구나."

이때부터 미심쩍은 생각이 들었지만 모른 척하고 대화를 이어갔습니다. 거짓말을 잘하는 지호에게 사실을 말하라고 해 봤자 역효과만 나니까요. 결국 이날의 대화는 로벅스 충전을 잠시 보류하는 것으로 매듭지었습니다. 그리고 다음 날 진실을 알게 되었지요. 지호 어머님께서 다급한 목소리로 전화를 주셨거든요.

"선생님! 지호가 제 지갑에서 6만 원을 훔쳐서 구글 카드인지 뭔지를 샀는데, 어떻게 하면 좋아요?"

내막은 이랬습니다. 지호가 로블록스를 하던 중 친구에게 놀림을 당했나 봅니다. 로블록스 아바타가 허접하고, 아이템도 다 시시한 것뿐이라고요. 지호는 약이 잔뜩 올랐습니다. 안 그래도 자기만 현질(온라인 게임의 유료 아이템을 현금을 내고 사는 것)을 못해 속상하던 차에 무시까지 당했으니까요. 지기 싫어하는 지호 성격에 복수심이 타오를 만도 합니다. 궁리 끝에 엄마 지갑에 손을 댔고요. 친구보다 더 멋진 아바타, 더 좋은 아이템을 가지려면 4,000로벅스(약 59,000원, 2021년 기준)가 필요했거든요. 편의점에서 산 구글플레이 기프트 카드를 제게 들고 온 이유는 처음이라 사용법을 잘 몰라서, 자기편이라고 생각해서, 구글 계정이 엄마 것이라 혹시라도 알림 메일이 갈까 봐서였고요.

만약에 우리 아이가 지호처럼 행동했다면 어떻게 해야 할까요? 따끔하게 혼내야 할까요? 적당히 타이르고 넘어가야 할까요? 처벌과 관용 사이에서 고민하지 않도록 적절한 훈육법을 소개합니다.

공감 후에 잘못한 점을 분명하게 일깨워 주기

거짓말하는 아이는 추궁보다 공감 훈육이 효과적입니다. 아이가 속 보이는 거짓말을 천연덕스럽게 할 때 부모는 "솔직하게 말 안 해? 진짜로 혼나 볼래?"라고 다그치기 쉬운데요. 그럼 아이는 더욱더 거짓말을 합니다. 왜일까요? 아이가 거짓말하는 이유를 알면 그 의문이 풀립니다.

아이들이 거짓말하는 12가지 이유

① 혼나는 게 두려워서

② 사실이 탄로 날까 봐

③ 욕구불만이 쌓여서

④ 마음에 든 물건을 갖지 못해서

⑤ 부모와 유대감이 부족하고 부모를 믿지 못해서

⑥ 하기 싫은 일이나 책임을 회피하려고

⑦ 관심을 받고 싶어서

⑧ 부끄러운 상황을 모면하려고

⑨ 비밀을 유지하기 위해서

⑩ 풍부한 상상력이 현실 혼동으로 이어져서

⑪ 어른에게 배워서

⑫ 반발심이 생겨서

지호가 거짓말한 이유는 ①~⑤번이었습니다. 무슨 잘못만 했다 하면 혼내고 때리는 엄마에게 불만이 많았거든요. 하지만 무서워서 감히 대들진 못하고 게임으로 스트레스를 풀었습니다. 엄마에게 "나도 현질할래!"라는 말은 꺼내 볼 생각조차 못 했지요. 게임이라면 진저리를 내는 엄마가 들어줄 리 만무하고, 자칫 게임 자체를 못 하게 될까 봐서요.

그러던 중 현질의 욕구를 참지 못해 돈을 훔쳤던 것입니다. 진실을 추궁당할 때도 지호는 거짓말을 반복해서 엄마의 화를 돋우었다고 하더군요. 지호와 상담할 때 그 이유를 물어보니 이렇게 말했습니다.

"겁이 났어요. 집에서 쫓아낸다고 했거든요. 엄마가 솔직하게 말하면 봐준다고 했는데, 그거 다 뻥이에요. 사실대로 말하면 더 혼났어요."

이게 바로 추궁의 역효과입니다. 이건 지호만의 문제가 아닙니다. 부모가 권위를 내세워 강압적인 태도로 몰아붙일 때 아이들은 삐뚤어집니다. 뇌의 변연계가 작동하여 저항, 반항, 분노, 거짓말, 변명, 남 탓 등을 하게 되거든요.

아이가 거짓말을 거듭할 땐 그 마음부터 공감해 주세요. 그 후에 잘못한 행동을 분명하게 일깨워 주시고요. 이때 주의할 점은 '거짓말을 한 아이는 나쁜 아이다.'라는 식의 말을 하지 않는 것입니다. 이런 말은 아이의 자존감을 떨어뜨리고, 문제의 초점이 아이 행동이 아니라 아이 자신에게 맞춰지거든요. 그럴 땐 이렇게 말해 주세요.

"유료 아이템이 너무나 사고 싶었구나. 그래, 부러우면 그런 마음이 생길 수도 있지(공감). 그렇지만 엄마 몰래 돈을 훔쳐서 현질하는 건 정말 잘못된 행동이야(잘못된 행동임을 분명하게 알려 줌). 알겠니?"

훈육의 과정에서 감정적인 대응과 체벌은 금지입니다. 반성의 차원에서 처벌이 필요할 땐 아이의 의견을 반영해 주세요. 단, 처벌 조항에 '현질 절대 금지'를 넣는 건 좋은 지도가 아닙니다. 다른 사례를 통해 그 이유를 알아봅시다.

'현질 절대 금지' 보다는 '현질 부분 허용'이 낫다

첫 번째 이유는 현질을 하기 위한 아이들의 눈물겨운 노력을 아주 많이 봤기 때문입니다. 실례로 한 아이가 로블록스를 할 시간에 광고만 계속 보고 있더라고요? 하루 동안 허용된 스마트폰 사용 시간이 1시간뿐이라 로블록스만 해도 모자라는데 말입니다. 그 이유는 광고를 보면 주는 '로벅스'를 받기 위해서였습니다. 더 기가 찬 건 이런 아이가 한둘이 아닙니다. 어떤 아이는 재미없는 게임을 억지로 하고 있었는데, 그 이유도 로벅스를 받기 위해서였습니다.

그렇다면 아이들이 원하는 만큼의 로벅스를 얻었을까요? 그것도 아닙니다. 전부 다 상술이니 로벅스를 풍족하게 줄 리 없지요. 대다수 아이가 아까운 시간만 날리고, 눈만 아프고, 로벅스 잔액은 여전히 '0'이고 그랬습니다.

두 번째 이유는 현질을 유도하는 게임사들이 많아졌기 때문입니다. 자녀가 게임할 때 받는 현질의 유혹도 그만큼 더 커졌다는 뜻입니다. 게다가 친구랑 같이하는 게임에서 현질을 안 하면 번번이 대결에서 집니다. 캐릭터 성장 속도가 친구보다 느리고요. 심지어는 팀전(온라인 게임에서 여러 명이 편을 갈라 승부를 겨루는 방식)에 껴주지 않을 때도 있습니다. "급이 다르네!"라는 말이 나올 정도로 아바타의 수준 차이도 큽니다. 이래저래 아이가 돈을 쓰지 않고 건전하게 게임만 하기에는 참 어려운 세상입니다.

결론적으로 '현질 절대 금지'보다는 '현질 부분 허용'이 현실적인 대안입니다. 실질적인 지도법은 다음에 나올 디지털 루틴 만들기 7에 풀어놨으니 꼭 실천해 보세요.

디지털 루틴 만들기 7

자녀의 현질은 똑똑하고 절제력 있게!

1. 아이의 현질 요청은 절제력 있는 대응으로!

요즘 아이들이 간절히 원하는 선물 중 하나가 유료 아이템입니다. 현실의 나 못지않게 가상의 나(아바타)도 멋져 보이길 바라지요. 어떤 이유에서든 아이가 현질을 해 달라고 조를 땐 다음의 대응법을 이용하여 해결해 보세요.

- 특별한 날에 보상과 선물의 개념으로 부모가 직접 현질해 주기
- 아이에게 주 또는 월 단위로 용돈을 주고, 그 안에서 해결하도록 하기
- 현질 금액은 소액을 넘지 않기

소액을 권유하는 까닭은 단순히 '돈이 아까워서'가 아닙니다. 뒤늦은 후회 때문입니다. 열광했던 게임이 시들해지면 현질을 괜히 했다고 투덜대는 아이들이 많거든요. 하지만 그때뿐, 새로운 게임이 생기면 또다시 현질 욕구가 커집니다. 따라서 평소에 절제력 있게 현질하는 습관을 들일 수 있도록 도와줘야 합니다.

2. 미성년 자녀가 부모 동의 없이 현질을 했다면 사태 수습에 집중하기

제 상담 사례 중 이런 일화가 있습니다. 어느 날 부모 명의로 된 스마트폰의 요금이 320만 원이나 나왔더랍니다. 알고 보니 아이가 부모 몰래 현질을 한 금액이었지요. 관련 기사를 찾아보면 이보다 더한 사례가 많습니다.

이럴 때 부모는 대부분 화부터 버럭 내는데요. 따끔한 훈육도 필요하지만, 사태 수습이 더 중요합니다. 즉, 피해를 최소화하고, 재발 방지를 위한 조치를 취해야 합니다. 제일 먼저 해야 할 일은 환불 절차를 밟는 것입니다. 민법상 미성년 자녀가 부모(법정대리인)의 동의 없이 체결한 계약은 취소할 수 있습니다. 단계별 순서는 다음과 같습니다.

1단계 앱 마켓 사업자나 게임 업체에 환불 요청하기

실제로 해 보면 긴 실랑이 끝에 한 번 정도는 전액 환불 또는 일부를 돌려줍니다. 법정대리인의 동의 여부를 증명할 책임이 사업자에게 있기 때문인데요. 이후부턴 환불 남용, 속임수 등의 명분을 들어 환불 요청을 거절하는 경우가 많습니다.

2단계 콘텐츠분쟁조정위원회 또는 한국소비자원에 조정 신청하기

이 방법을 쓰면 1단계보다 전액 환불 또는 일부를 돌려받을 가능성이 높습니다. 단, 신청 양식을 작성한 후에 사실 증명 자료들을 첨부해야 하고, 권고·조정 결정에 대한 강제성이 없습니다.

3단계 민사소송 제기하기

해당 업체가 콘텐츠분쟁조정위원회나 한국소비자원의 권고·조정 결정을 따르지 않을 때는 민사소송을 제기합니다. 소송 시에는 결제 방식에 따라 환불 여부가 다릅니다.

미성년 자녀가 부모 명의 스마트폰으로 결제했을 때	미성년 자녀가 결제했다고 증명하기 어렵기 때문에 환불 가능성이 낮다.
미성년 자녀가 본인 명의 스마트폰에 연동된 부모 명의 신용카드로 결제했을 때	이를 입증할 만한 사실 관계 확인 자료를 제출하면 일부 환불이 가능하다. (휴대폰가입자명의확인서, 가족관계증명서, 결제내역서 등)

환불 절차를 마친 후에는 결과 여부와 상관없이 자녀 교육이 필수입니다. 현질 시스템을 잘 몰라 실수로 유료 결제 버튼을 마구 누른 아이들도 있거든요. 교육 내용은 현질 유도 장치 알려 주기, 경제관념 심어 주기 등이 좋은데요. 아이 눈높이에 맞는 교육이 필요할 땐 부모와 자녀가 함께 관련 자료나 영상을 찾아보기를 권합니다.

3. 현질 유혹에 유독 약한 아이는 '사전 조치'로 재발 방지하기

충동이 앞서면 일단 저지르고 보는 유형의 아이들이 있습니다. 이런 아이들에게는 현질 충동을 억제할 수 있도록 아래와 같은 '사전 조치'를 취해야 합니다. 이런 노력 하나하나가 아이를 바른 디지털 루틴의 길로 인도합니다.

- 해당 통신사 사이트에 들어가 소액결제 차단하기, 정보(콘텐츠) 이용료 한도를 하향하거나 차단하기(통신사마다 방법이 다름)
- 추가 결제 정보를 입력해야 하는 '휴대폰 결제 비밀번호 부가 서비스' 이용하기(무료)
- 자녀의 휴대폰 계정과 연동된 메일을 자주 확인하여 결제 내역 확인하기
- 앱 또는 아이템을 구매할 때 자동으로 연동되는 신용카드 삭제하기
- 자녀가 사용하는 휴대폰과 계정에는 유료 결제 정보를 저장하지 않기

3

원격수업 중에 딴짓하는 아이, 바로잡는 학습 솔루션

코로나19 이후에 원격수업 비중이 높아졌습니다. 그로 인해 아이는 집에서 혼자 공부하는 시간이 많아졌고, 부모는 새로운 고민거리가 생겼습니다.

"얘가 온라인 수업 도중에 게임을 하더라고요. 어떨 땐 유튜브, 인스타그램도 보고요. 매일 옆에서 감시할 수도 없고, 이를 어쩌면 좋지요?"

이 사연 하나로 끝나면 좋은데, 하소연들이 더 있습니다. 아이가 컴퓨터 모니터를 쳐다보는 척하면서 장난감을 갖고 논다, 출석만 하고 도로 잔다, 온라인 클래스에 올라온 동영상을 볼 시간에 '영상 듣지 않고 학습 완료하는 방법'을 검색하고 있더라 등등 관련 사례가 매우 많습니다.

그래도 아이가 원격수업 도중 딴짓을 하다가 들켰을 때 반성의 자세를 보이면 그나마 다행입니다. 더러는 아래 사연처럼 적반하장의 태도를 취하기도 하지요.

"아이가 방에서 온라인 수업을 받고 있었는데요. 방 밖으로 들리는 소리가 뭔가 좀 이상한 거예요. 그래서 방문을 열어 봤더니 유튜브를 보고 있더라고요? 기가 찼지만 처음이라 봐줬어요. 그런데 그다음 날 또 그러더라고요? 버릇될까 봐 따끔하게 혼냈더니 아이가 뭐랬는지 아세요? 제발 좀 내버려 두래요. 자기가 알아서 한다고."

위 이야기는 13세 자녀를 둔 한 어머니의 상담 내용입니다. 이쯤 되면 '고민+의문'입니다. 아이들은 왜 원격수업 중에 딴짓을 할까요?

누구나 하는 '딴짓'
그 속에 숨은 비밀

아이들이 딴짓을 하는 가장 큰 이유는 '집중력 저하'입니다. 한 조사에 따르면 온라인 수업 중 집중력이 떨어진다고 응답한 학생이 초등학생은 4분의 1, 중고생은 절반 이상이었습니다. 그 이유를 조사해 보니 '교실처럼 선생님이 없어서'가 가장 많았습니다. 그 밖에도 수업이 재미없어서, 지루해서, 주변이 어수선해서, 딴생각이 나서, 졸려서, 친구랑 같이 활동을 못 해서 등 다양한 이유가 있었습니다.

여러 이유를 알고 나니 어떤가요? 저는 동감했습니다. 사실 딴짓이 아이들만의 전유물은 아니지요. 딴짓은 누구나 합니다. 한때 '딴짓의 달인'이라 불렸던 저를 포함해 다른 어른들도 일하다가 딴짓을 합니다. 일이 지겨울 때, 일하기 싫을 때, 업무 스트레스로 힘들 때, 그럴 때 잠깐 딴짓을 하고 나면 기분 전환이 되거든요. 이 현상은 '흑질'이라는 뇌 기관에 새로운 정보나 자극이 입력되면 도파민 분비가 이루어지기 때문인데요. 기분이 좋아지는 효과와 더불어 창의력이 샘솟습니다.

딴짓의 이런 장점을 고려하면 원격수업 중에 딴짓하는 아이도 너그러이 봐줄 만합니다. 그러나 그대로 내버려 두는 건 금물이지요. 기초 학력 미달부터 학생 간 학습 격차까지 여러 문제가 발생하니까요. 특히나, 초등 저학년 때 학습 결손이 발생하면 수업 방관자가 될 가능성이 높습니다. 수업 내용을 이해 못 해 진도를 따라가지 못하니까요.

따라서 아이가 딴짓하는 마음은 이해하되, 행동은 바로잡아야 합니다. 그 방법은 다음과 같습니다.

딴짓하는 아이에겐 '이것'이 즉효 약!

첫째, 공간과 기기를 분리하여 적절한 원격수업 환경 만들기

여러분의 자녀는 원격수업을 할 때 어디서, 어떤 기기로 하나요? "우리 아이는 거실에서 데스크톱이나 노트북으로 합니다. 스마트폰은 미리 정한 보관함에 놓고요."라고 말했다면 매우 훌륭합니다. "우리 아이는 자기 방에서 스마트폰으로 하는데요."라고 말한 분은 지금부터 아이의 수업 환경을 바꾸시길 바랍니다. 잠도 자고 놀기도 하는 공간에서 스마트폰으로 원격수업을 하는 것은 최악의 학습법이거든요.

부모 교육이나 상담을 할 때, 자녀의 원격수업 태도가 흐트러졌다는 고민을 많이 접하는데요. 그 이유 중 하나는 학습 장소와 사적 공간이 분리되지 않았기 때문입니다. 자녀가 학교 갈 때를 떠올려 보세요. 교복을 입고 일정한 시간에 집을 나가 등교를 하지요. 그 행위 자체가 공부 환경을 조성하는 작업입니다. 스마트폰을 끄고 교실에 앉아 있는 건 공부할 마음가짐을 갖는 과정이고요.

사실 이렇게 해도 아이가 수업에 집중할까 말까입니다. 그런데 자기 방에서 스마트폰으로 원격수업을 한다? 딴짓을 하라고 부추긴 셈입니다. 스마트폰의 강력한 유혹을 간과한 처사입니다. 스마트폰이 아이 옆에 있는 것만으로도 도파민이 분비될 수 있으니까요. 그럴 때, 아이는 스마트폰을 터치하고 싶은 욕구에 사로잡힙니다.

그러므로 학습 공간을 따로 마련하고 기기를 분리하여 원격수업에 집중할 수 있는 환경을 조성해 주세요. 그 공간이 거실이 아니어도 좋습니다. 가정마다 집 안 구조가 다르니까요. 자녀가 여러 명일 땐 학습 공간을 따로 마련하는 게 여의찮을 수도 있고요. 자녀가 있는 곳의 문을 열어 놓는 방법도 괜찮습니다.

아이의 수업 복장도 주의해야 합니다. 실시간 원격수업을 할 때 잠옷 같은 옷을 입은 아이가 열심히 공부하는 건 본 적이 없습니다. 오히려 깜깜하게 비디오를 꺼 놓고 무반응일 때가 많았지요. 아이가 귀찮아해도 깔끔한 모습으로 원격수업에 참여하도록 지도해 주세요. 아이의 수업 참여도가 올라가는 것뿐만 아니라, 선생님과 친구들이 보기에도 좋으니까요.

둘째, 아이의 자기주도학습 능력 올리기

지금까지는 원격수업 중 딴짓하는 아이들의 예만 들었는데요. 사실 원격수업 태도가 좋은 아이들도 많습니다. 초집중 자세로 원격수업을 듣고요. 수행평가와 학습 과제도 미루지 않고 척척 해냅니다. 기특한 마음에 관찰해 보니 이 아이들만 지닌 특별한 능력이 있더라고요. 바로 '자기주도학습 능력'입니다.

부러움을 넘어 우리 집 사례로 만들고 싶다면 혼공의 정의부터 다시 생각해 봅시다. 혼공이 무엇일까요? 혼자서 공부하는 것일까요? 핵심을 덧붙이면 아이가 '주도적'으로 혼자 공부하는 것입니다. 즉, 부모나 학원에서 주도하는 공부는 혼공이 아닙니다.

착각하기 쉬운 예를 들어 볼게요. 부모가 정해 준 학원을 잘 다니는 아이가 있습니다. 학원 진도도 잘 따라가고요. 학원 숙제도 혼자서 해냅니다. 자, 이 아이는 자기주도학습 중일까요? 그런 것 같지만 사실은 아닙니다. 전형적인 부모 주도 학습, 학원 주도 학습입니다. 부모의 말과 학원의 학습 계획표를 잘 따르고 있을 뿐이지요.

진정한 혼공, 즉 자기주도학습은 다음과 같은 형태로 진행되어야 합니다.

① 학습자가 스스로 학습에 참여하기

② 학습자가 스스로 학습 목표 설정하기

③ 학습자가 스스로 설정 목표에 따른 학습 프로그램을 선정하기

④ 학습자가 스스로 학습 전략을 짜기

⑤ 학습자가 스스로 자기 감독하에 자발적으로 학습 전략 수행하기

⑥ 학습자가 스스로 결과를 평가하기

핵심은 전 과정을 '학습자가 스스로' 한다는 것입니다. 이런 과정을 거칠 때 아이는 자신을 위해 공부한다는 느낌이 듭니다. 성취감과 자기효능감도 올라가고요. 그런데 부모가 알아서 다 해 주면 어떤 일이 벌어질까요? 난관이 생겼을 때 부모만 믿고 아무것도 안 합니다. 공부는 점점 하기 싫어지고요. 다시 말해, 자기주도학습을 할 능력이 있어도 발휘를 못 하거나 안 하는 자녀가 된다는 것이지요.

물론 우리 부모님들도 나름의 고충이 다 있습니다. 상담 때 속내를 들어 보면 부모도 자녀의 자기주도학습을 원합니다. 아이에게 "숙제했니?", "공부해야지."라고 말해 봤자 짜증만 내니까요. 애써 도와줘도 감사는커녕 불평만 듣습니다. 그런데도 아이를 가만놔둘 수 없는 이유는 학력 격차를 비롯한 여러 가지 문제가 있기 때문이지요.

이러한 갈등이 있을 땐 공부에 대한 동기부여부터 해 주세요.

학습에 대한 의욕을 불러일으켜 줘야 합니다. 그다음에 공부의 주도권을 아이에게 넘겨주시고요. 이후부턴 아이를 믿고 지켜봐 주시면 됩니다. 뭐든 스스로 자꾸 해 봐야 실력이 느는 법입니다. 자녀의 혼공 태도가 어설프다고 부모가 간섭의 수위를 높이면 그때까지의 노력이 수포로 돌아갑니다. 자녀가 혼공에 필요한 능력들을 직접 체험할 기회도 줄어듭니다.

그런데 혼공의 의미를 되새길 때 주의할 점이 있습니다. 어떤 분은 '학원도 안 가고, 부모의 도움도 안 받고, 오로지 자녀 혼자서 공부하는 것'을 '혼공'이라고 여기셨는데요. 오해입니다. 필요하다면 학원에 가야지요. 부모의 도움도 당연히 필요합니다. 자녀 다음 부모! 즉 순서의 차이입니다. 자녀가 주도적으로 공부 계획을 세울 때까지 부모는 기다려 줍니다. 이후 자녀가 부모에게 도움을 요청하면 그때 함께하는 거죠.

그런데 이 대목에서 답답한 현실 고민이 발생합니다. 바로 혼공 의지가 제로에 가까운 아이들의 학습 태도인데요. 이와 관련된 부모의 질문을 들어 볼까요?

"언제까지 기다려야 하나요? 저희 애는 그냥 놔두면 마냥 놀아요. 공부는 물론이고 학교 숙제도 안 하고 논다니까요."

애가 탈 만합니다. 하지만 기다림에도 요령이 있습니다. 적당한 성취 압력과 알맞은 간섭, 처벌, 감독이 따라야 아이의 혼공 능력이 발휘됩니다. 만약 성취 압력이 부족하면 아이는 목표 완수 노력을 덜합니다. 학습 집중력과 문제해결력도 낮아지고요. 반대로 성취 압력이 너무 높으면 아이는 스트레스에 취약해집니다. 감당하기 힘든 일이 계속 주어지니까요. 어떤 일을 할 때 초조감을 느낄 때가 많고, 대충 하는 척만 하는 아이가 될 수도 있습니다. 그러므로 적당한 성취 압력이 중요하지요.

알맞은 간섭, 처벌, 감독도 중요합니다. 과제 수행 열의가 낮은 아이에게 자율성만 주고 간섭을 하지 않으면 즐거운 활동만 추구합니다. 부모의 처벌과 감독이 너무 낮을 경우에는 아이가 공부를 하다가 지루하고 어려워졌을 때 쉽게 포기합니다.

이런 상황을 해결하는 방법은 부모와 자녀가 함께하는 '상호보완적 자기주도학습'입니다. 부모가 자녀 수준에 맞는 학습 목표와 학습 프로그램을 몇 개 제시해 주고 최종 선택은 자녀가 하는 방법이지요. 그다음의 과정(학습 전략 짜기, 실행, 자기 감독과 평가)은 자녀의 몫입니다. 부모의 역할은 적당한 보상과 처벌로 성취 압력 주기, 적절한 개입과 감독이고요. '이렇게까지 해야 하나?'라는 생각에 노력의 힘이 줄어들 땐 기억하세요! 자기주도학습 능력은 요즘뿐만 아니라 미래에도, 더 나아가 아이의 인생 전반에 걸쳐 꼭 필요한 능력입니다.

셋째, 아이의 뇌를 스마트폰을 길들이는 뇌로 바꾸기

아이가 스마트폰에 길들여진 뇌가 아닌, 스마트폰을 길들이는 뇌를 갖게 되면 어떤 일이 일어날까요? 원격수업 도중 게임, 동영상, SNS, 웹툰을 동시다발적으로 하는 딴짓, 즉 멀티태스킹을 덜 하거나 안 하게 됩니다. 학습 집중력도 올라가고요.

그 비법은 '뇌의 컨트롤타워'라고도 불리는 '전두엽'에 있는데요. 전두엽은 기억력, 집중력, 사고력, 자제력 등을 담당하는 뇌 기관입니다 충동을 억제하고 보상을 지연시키는 역할을 하며 사회성 발달에도 기여하지요. 이는 곧 아이의 전두엽 기능을 발달시켜 주면 다음과 같은 효과가 있다는 말입니다.

- 학습 태도가 바르게 변함
- 스마트폰을 주도적으로 사용함
- 메타버스 이용을 균형 있게 하는 디지털 루틴이 만들어짐

우리 아이의 전두엽 활성화! 아직 늦지 않았습니다. 다음에 소개하는 전두엽 활성법을 매일 실천해 보세요. 아이의 전두엽 발달에 힘쓰는 부모가 똑똑한 부모입니다.

디지털 루틴 만들기 8

딴짓을 멈추게 하는 전두엽 활성법

1. 다양한 경험과 새로운 활동을 통해 꿈 찾기

전두엽은 익숙한 과제와 동일한 경험보다 새로운 과제와 다양한 경험을 좋아합니다. 꿈을 향한 아이의 새로운 도전을 지지하고 응원해 주세요! 내측 전두엽 발달과 더불어 소망을 실현하는 능력이 증진됩니다.

2. 전두엽 자극에 좋은 놀이와 활동하기

굳어진 전두엽이 활발하게 활동하길 바라시나요? 다음의 일상 속 추천 놀이와 활동을 함께해 보세요! 하나씩 실천할 때마다 아이의 전두엽이 활성화됩니다.

예) 끝말잇기, 숨은그림찾기, 정해진 시간 안에 특정 단어 많이 말하기, 십자말풀이, 레고 같은 블록 조립하기, 그림 그리기, 글쓰기, 독서하기, 4개의 짧은 선을 연결해 다양한 모양을 만드는 놀이하기, 미래에 일어날 일을 예측해 보기, 체스나 바둑 두기, 관심 있는 외국어 배우기

3. 자신의 의견을 발표하고 생각을 정리해서 말할 기회 주기

왜 일상적인 대화보다 자기 의견 발표나 생각을 정리해서 남에게 말할 때 전두엽이 더 자극될까요? 후두엽에 저장된 단어에서 알맞은 단어를 탐색하고, 말로 표현하도록 도와주는 것이 전두엽의 역할이기 때문입니다.
아이에게 발표의 기회를 자주 주세요. 아이가 동영상, SNS 게시물을 보고 나면 어떤 생각이 들었는지도 간간이 물어보시고요.

4. 분명한 목표를 세우고 계획적으로 행동하는 루틴 길러 주기

우리 뇌는 구체적이고 뚜렷한 목표가 있을 때 뇌 기능이 효과적으로 작동합니다. 이때, 발달하는 뇌 부위가 전전두엽이고요.
10대 자녀가 무계획적이고 충동적인 이유는 전전두엽이 미성숙하기 때문입니다. 따라서 생활 속 작은 일이라도 목표를 명확하게 세우고 수행하는 루틴을 길러 주세요. 아이가 계획 없이 빈둥거릴 확률이 줄어듭니다.

예) 오늘 운동을 하겠다. ×
　오늘 몇 시부터 몇 시까지 어디에서 무슨 운동을 하겠다. ○

알아 두면 든든하다! 메타버스 무법자를 물리치는 법

"그 게임 이제 안 해요. 핵쟁이들 때문에 망겜 됐거든요."

가상세계에서 온라인 게임을 즐기는 아이들에게 가끔 듣는 말입니다. 알기 쉽게 풀어 말하면 "불법 핵프로그램을 쓰거나 배포한 악성 유저들 때문에 망한 게임이 됐다."는 뜻입니다. 불법 핵프로그램이란 '오토 돌리기'라고도 하는데, '게임 내 각종 조작 행위를 통해 게임 능력치를 비정상적으로 높이는 불법 해킹 프로그램(일명 '핵')입니다. 예를 들어 최대 100명의 플레이어가 최후의 1인이 되기 위해 싸우는 1인칭 슈팅게임인 배틀그라운드에서 핵을 사용하면 손쉽게 1등을 할 수 있습니다.

핵의 종류는 다양합니다. 자동 조준이 되는 에임Aim핵을 쓰면 상대방을 쉽게 맞출 수 있습니다. ESPExtrasensory Perception핵을 쓰면 상대방의 위치, 아이템 종류, 체력 같은 정보 수집이 단박에 되고요. 스피드핵을 쓰면 엄청 빠르게 이동할 수 있고, 월핵을 쓰면 벽을 관통할 수 있지요. 이 밖에도 기상천외한 핵들이 많은데, '핵이 돌면 1년 내 망겜이 된다.'라는 속설이 있을 정도로 그 피해가 막심합니다.

제가 부모 교육 때 이런 실태를 알려 드렸더니 어느 분이 이런 질문을 하셨습니다.

"망겜이 되면 아이가 게임을 안 한다니까 좋은 일 아닌가요?"

과연 그럴까요? 그렇지도 않습니다. 그 게임 대신 다른 게임을 하지요. 아이가 게임핵 때문에 격분할 때도 있는데, 온갖 욕을 쏟아 낼 정도로 화를 냅니다. 핵 유저를 만난 아이 이야기를 들어 보면 그럴 만도 하고요. 혼신의 힘을 다해 플레이를 하던 중 난데없이 '킬'을 당한다고 생각해 보세요. 분노가 치솟습니다. 계속 지니까 공들여 올린 레벨과 등급이 깎이고요. 좋은 아이템은 상대방이 독차지합니다. 이렇게 열받는 상황이 반복되면 짜증과 부아를 넘어 허망합니다. 무엇보다 게임이 재미없어지니까 참을 수가 없고요.

핵 피해 유저가 핵 사용자를 게임 회사에 신고하면 '밴(사용자의 계정을 영구 정지하는 것)' 조치가 취해집니다. 밴은 강력한 처벌이긴

해도, 일시적인 제재에 불과합니다. 밴을 당해도 곧바로 다른 계정을 만들어 해당 게임에 접속하면 되니까요.

가상세계 무법자를 없애는 방법은 불법 핵프로그램 사용 안 하기

그렇다면 왜 불법 핵프로그램을 제작, 유포하거나 사용자가 되려고 할까요? 게임 핵프로그램을 만들어 팔면 돈벌이가 되기 때문입니다. 핵을 사용하면 비정상적으로 실력이 좋아져 승률이 좋아집니다. 승리감도 자주 만끽하지요. 게다가 게임 레벨과 등급도 손쉽게 높일 수 있습니다. 희귀한 아이템을 독차지하여 되팔 수도 있고요.

한편 핵을 쓸까, 말까 갈등하는 아이들도 있습니다. 어쩌면 그 아이들이 여러분의 자녀일 수도 있지요. 그런 고민을 하는 아이들의 속마음을 들어 봤습니다.

"레벨을 빨리 올리고 싶어서요. 제 레벨은 낮은데 친구 레벨은 높거든요."

"시간을 오래 들여서 캐릭터를 성장시키는 게 귀찮아요. 그냥 빨리 캐릭터를 키우고 싶어요"

"뽐내고 싶어서요. 좋은 아이템과 멋진 캐릭터를 갖고 있으면 다들 부러워하거든요."

또 다른 이유가 있다 해도 불법 핵프로그램 제작, 유포, 사용은 메타버스 생태계를 망치고 질서를 교란하는 불법 행위입니다. 현행 게임산업법을 보면 게임핵 제작자와 판매자는 형사 처벌 대상입니다.

그러니 자녀가 불법 핵프로그램을 쓰지 않도록 지도해 주세요. 이용자가 있는 한 불법 핵프로그램은 근절되지 않습니다.

어떤 분은 "게임하는 것도 못 말리는데, 핵 사용까지 무슨 수로 말리나요?"라고 하소연하셨는데요. 이 책을 쭉 읽어 온 여러분이라면 가능합니다. 각 장의 지도법을 아이에게 실행하신 분은 다음의 대화법도 사용해 보세요.

예1) 부모 : 혹시 게임할 때 핵 쓰니?

아이 : 아니요.

부모 : 잘하고 있네! 쭉 그렇게 하렴!

예2) 부모 : 혹시 게임할 때 핵 쓰니?

아이 : 어? 어떻게 알았어요?

부모 : 그런 것 같았어. 앞으론 핵 쓰지 말자! 불법이야.

간단명료해서 안 통할 것 같죠? 신기하게도 아이가 부모 말을 듣습니다. 부모가 보인 그간의 노력들이 신뢰감으로 이어져 있기 때문인데요. 이쯤 되면 부모와 자녀 관계도 우호적입니다.

단, 부모의 지도를 따르는 기간이 짧습니다. 아이가 핵의 유혹에 흔들릴 때도 있습니다. 간혹 어떤 아이는 자처해서 '트롤(온라인 게임 내에서 팀원에게 민폐가 되는 짓을 일부러 하는 유저)'이 되기도 하는데요. 트롤은 게이머들이 핵 사용자만큼이나 싫어하는 무법자 유형입니다. 네덜란드 역사가 요한 하위징아가 쓴 《호모 루덴스 : 놀이하는 인간》의 관점에서 보면 일종의 놀이 파괴자입니다.

위와 같은 문제를 방지하려면 아이가 정정당당하게 온라인 게임을 즐길 수 있도록 지지해 주세요. "게임을 못 하게 해도 시원찮은 판국에 지지까지 하라고요?"와 같은 불만은 잠시 미루시고요.

실천해 보면 '누이 좋고 매부 좋다'라는 말을 실감합니다. 부모가 기를 쓰고 말려도 어차피 할 게임, 이왕이면 아이가 신나게 하고 스트레스를 푸는 게 좋습니다. 선량한 유저인 아이가 피해 보는 상황도 막을 수 있고요. 구체적으로 어떤 피해가 있냐고요? 가상세계 무법자들 때문에 아이가 게임에 쏟은 돈과 시간이 물거품이 됩니다. 즉, 경제적 손실이 발생합니다. 게임이 삶의 활력소가 아니라 독소가 되면 아이의 정신 건강에도 악영향을 미칩니다. 학습 집중력이 떨어지거나 할 일을 제대로 못 하는 식으로요.

한참 가상세계 무법자들에 관한 이야기만 풀다 보니 이런 궁금증이 생긴 분도 있을 것 같습니다.

'메타버스 무법자가 가상세계에만 있을까?'

당연히 아닙니다. 증강현실, 라이프로깅, 거울세계 등 메타버스 어디에나 무법자들이 존재합니다. 이제 그들의 이야기를 해 보겠습니다.

도처에 깔린 메타버스 무법자, 우리 모두의 자정 노력으로 줄이기

우리는 메타버스 안에서 여러 종류의 무법자를 만납니다. 예를 들면 음식 배달 플랫폼에는 대량의 거짓 리뷰를 올리거나 악의적인 리뷰를 다는 자가 있지요. 소셜미디어에는 유해 콘텐츠 생산자, 개인정보 침해자, 가짜 뉴스 유포자, 디지털 성범죄자 등이 있고요. 이들은 모두 메타버스 질서 파괴자들입니다.

이로 인한 현실적 문제를 짚어 봅시다. 이들에게 각종 피해를 입어도 구제와 보상이 제한적입니다. 현행법에 위배된 경우에만 처벌이 이루어지기 때문이지요. 처벌 대상이 아닌 경우엔 메타버스 운영 기업의 규칙과 약관에 의존해야 합니다. 그런데 그 내용을 꼼꼼히 살펴보면 이용자 편이 아닙니다. 아이들이 이용하는 한 메타버스 플랫폼의 이용 약관 중 일부를 살펴보겠습니다.

약관 조항	내용
OOO **콘텐츠 및 사용자 콘텐츠**	회사는 사용자의 개인 콘텐츠를 안전하게 보호하기 위해 합당한 조치를 취하고 있으나, 100% 안전은 보장할 수 없으며, 제3자가 무단으로 보안을 뚫고 개인 콘텐츠에 접근하는 상황이 발생할 수도 있음을 양해하여 주시기 바랍니다.
면책	이용자는 서비스 이용 과정에서 불쾌하고, 선정적이며, 모욕적인 자료에 노출될 수 있으며, 서비스에 접근하고 이를 이용함으로써 이러한 위험 요소를 받아들이는 것에 동의합니다.
책임 제한	서비스 제공 및 서비스를 통해 이용 가능한 자료와 서비스 사용자의 행위로 발생하는 간접적, 특별적, 징벌적, 부수적, 모범적, 결과적 손해에 대하여 어떤 책임도 지지 않습니다.

여타 메타버스 플랫폼 운영사들의 이용 약관도 이와 비슷합니다. 운영사 입장이 되어 보면 위와 같은 조항들을 만들 수밖에 없고요. 대책 마련을 위한 인력과 예산은 한정적인데, 무법자들은 나날이 증가하는 추세거든요. 이들로 인한 범죄 건수가 늘고 범죄 수법이 진화할수록 운영사는 막대한 손실을 봅니다.

결국 근본적인 대책은 우리 모두의 자정 노력입니다. 상생의 메타버스 생태계로 나아가려면 어떤 노력을 해야 할까요? 다음에 소개하는 '메타버스 준법자 되기'에서 해법을 찾아보세요. 모두가 즐겁고 안전한 메타버스 공동체가 만들어집니다.

디지털 루틴 만들기 9

무질서를 바로잡는 메타버스 준법자 되기

1. 서로 존중하고, 협력하고, 아이디어를 내고, 배려하기

1인칭 슈팅 게임FPS game, First Person Shooting game인 서든어택에서는 공정한 게임 환경을 조성하기 위해 길로틴guillotine 시스템을 도입했습니다. 길로틴 시스템은 서든어택 유저 중 선발된 배심원단이 신고된 핵 사용 의심자의 이모저모를 검토해 유무죄를 판결하는 제도인데요. 이 시스템 도입 이후 불법 핵프로그램 사용률이 서비스 이전 대비 46.3%나 감소했습니다(2021년 기준). 게임사와 유저가 뭉쳐 핵 사용자를 제재함은 물론, 쾌적한 가상세계 생태계를 조성해 나가다니! 정말 유익한 시도이지요.

2. 훈훈한 선행의 주인공 되기

사실 선량한 메타버스 사용자들과 관련 기관의 선행은 무수히 많습니다. 칭찬 리뷰로 힘든 소상공인을 응원하는 분부터 궁금해도 소셜미디어에 나도는 유해 콘텐츠를 보지 않는 사람, 타인의 개인정보를 소중히 여기는 사람, 게임과 SNS를 바르게 이용하는 사람, 아이의 바른 메타버스 사용을 돕는 양육자와 교사, 선플 캠페인을 진행하는 기관, 사용자의 권익 보호에 앞장서는 기업까지, 일부만 나열해도 많습니다. 혼자의 힘은 약해도 우리 모두가 단결하면 성숙한 메타버스 생태계를 만들 수 있습니다.

5

가짜 뉴스에 속지 않는다! 디지털 리터러시의 힘

어느 날, 상담을 받으러 온 한 아이가 저를 보자마자 놀란 표정으로 스마트폰을 내밀었습니다.

"선생님! 가수 ○○○이 죽었대요."

아이가 보여 준 동영상 속 이야기는 알고 보니 가짜 뉴스였습니다. 이외에도 아이들과 공유한 가짜 뉴스는 참 많습니다.

"연예인 누구랑 누가 비밀 결혼식을 올렸대요."

"양파랑 마늘 많이 먹으면 코로나에 안 걸린대요."

가짜 뉴스의 형태는 날조 뉴스, 허위 조작 정보, 각종 괴담, 음모론, 악성 루머, 광고성 기사, 협찬 기사 등 다양합니다. 이런 가짜 뉴스가 한순간의 소동으로 끝나면 다행이지만, 아이의 삶에 악

영향을 미칠 때가 많아 걱정이지요.

실제로 아이들은 가짜 뉴스를 진짜라고 믿고 불안과 공포심을 느낄 때가 많습니다. 잘못된 정보를 따라 하다가 피해를 보거나 사고를 치는 경우도 있고요. 어른도 '충격 실화' 같은 자극적인 제목을 달아 선동적인 내용으로 가득 채운 가짜 뉴스를 보면 마음이 동하는데, 아이들은 어떻겠어요?

한 예로 제가 상담한 아이 중에는 전쟁이 날까 봐 일상은 물론 학교생활도 힘들어하는 11세 남학생이 있었습니다. 이렇게 매사에 걱정이 지나치고 예민해서 일상의 사소한 일에 불안을 느끼는 증상을 범불안장애라고 합니다. 아이에게 범불안장애가 생긴 이유 중 가장 큰 이유는 가짜 뉴스 때문이었습니다.

날로 정교해지는 가짜 뉴스, 왜 만드는 걸까?

문제는 아이들에게 미치는 가짜 뉴스의 영향력이 갈수록 커지고 있다는 겁니다. 그 이유 중 하나가 첨단 디지털 기술의 발달로 가짜 뉴스가 더욱 정교해지고 있기 때문인데요. 대표적인 예가 바로 딥페이크deepfake입니다. 딥페이크는 딥러닝deep learning과 페이크

fake의 합성어로, 인공지능기술을 활용해 특정 인물 얼굴, 신체 등을 원하는 영상에 합성한 편집물입니다.

딥페이크를 이용한 범죄 중에는 성인'영상물에 유명인 얼굴을 합성해 디지털 성범죄로 악용하는 경우가 많습니다. 이러한 범죄로 유명 영화배우 스칼릿 조핸슨, 엠마 왓슨 등이 큰 피해를 봤지요. 국내 연예인들의 얼굴이 잇달아 딥페이크 영상물에 쓰인 사례도 있었고요.

유명인만 딥페이크를 당한다고 생각하면 오산입니다. 일반인도 얼마든지 딥페이크 피해자가 되는 세상입니다. 섬뜩한 가정 하나 들어 보겠습니다. 어느 날, 우리 아이가 SNS 메시지를 통해 의문의 동영상을 받았습니다. 확인해 보니 아이 얼굴이 성인 영상물에 합성된 성관계 영상물입니다. 분명히 가짜인데, 영상 속 인물이 실제 아이와 똑같아 진짜라고 착각할 정도입니다. 이런 상황, 상상만 해도 경악스럽지요? 더 놀라운 건 이런 끔찍한 일이 우리 주위에서 버젓이 일어나고 있습니다.[16]

가짜 뉴스의 폐해는 여기서 끝이 아닙니다. 정보 편식을 유도하는 필터버블filter bubble 현상의 극대화로 아이가 편향적인 사고를 하기 쉽습니다. 필터버블은 인터넷 정보 제공 및 검색 업체가 이용자의 관심사에 맞춰 필터링된 맞춤형 정보를 제공하고, 이로 인해 이용자는 편향된 정보에 갇히는 현상을 말합니다. 생소한 용어

같아도 실은 소셜미디어 사용자라면 누구나 겪어 본 현상입니다. 나보다 내 취향을 더 잘 아는 알고리즘에 이끌려 맞춤형 콘텐츠와 추천 광고를 연달아 본 경험, 이게 바로 다 필터버블 현상입니다. 소셜미디어의 이런 개인별 맞춤 서비스를 계속 이용하다 보면 나도 모르게 내가 보고 싶고, 듣고 싶고, 믿고 싶은 정보 쪽으로 생각이 기웁니다. 그러면 판단력이 흐려져 가짜 뉴스를 맹신할 수도 있지요.

이쯤 되면 가짜 뉴스 생산자의 속셈이 궁금해집니다. 도대체 누가, 왜 가짜 뉴스를 만드는 걸까요? 바로 돈 때문입니다. 한 예로, 가짜 뉴스 때문에 유튜브 조회수가 올라가면 광고가 붙고 수익 창출로 이어지지요. 정치적인 목적이 주가 될 때는 개인보다는 정치 집단, 지지 세력의 주도하에 가짜 뉴스가 제작 및 유포됩니다. 그래서 선거 국면 때 유독 가짜 뉴스가 기승을 부리는 현상을 볼 수 있지요. 때로는 재미 삼아, 장난으로, 화풀이하려고 가짜 뉴스를 퍼뜨리는 경우도 있습니다. 이 때문에 멀쩡한 가게가 폐업하고, 성실한 자영업자들이 피눈물을 흘리는 안타까운 일들이 벌어지곤 하지요.

가짜 뉴스 퇴출?
디지털 리터러시가 답!

실태를 알면 알수록 가짜 뉴스로부터 아이를 보호하기 힘든 세상입니다. 그래도 방법이 다 있습니다. 바로 부모와 자녀가 모두 디지털 리터러시digital literacy 능력을 기르면 됩니다.

디지털 리터러시란 디지털 정보를 제대로 이해하고 선택하는 능력을 의미합니다. 디지털 기기를 활용해 원하는 작업을 하고 필요한 정보를 얻는 지식과 능력을 뜻하고요. 최근에는 디지털 기술을 대하는 바른 태도와 건강한 마인드, 창의적인 문제 해결 능력으로까지 그 개념이 넓어졌습니다.

그렇다면 우리들의 디지털 리터러시 능력, 어떻게 키울 수 있을까요? 우선 디지털 리터러시에 대한 부담감부터 떨쳐 버리세요. 부모가 저 많은 능력을 다 갖추고 아이를 지도하라는 말이 아닙니다. 가정에서 아이랑 할 수 있는 부분만 감당하셔도 충분합니다. 나머지는 관련 기업, 사회, 정부의 몫이고 역할입니다.

그럼 이제 다음에 소개하는 가짜 뉴스에서 벗어나는 방법을 실천해 보세요. 부모와 자녀 모두 가짜 뉴스를 분별하는 능력이 생깁니다.

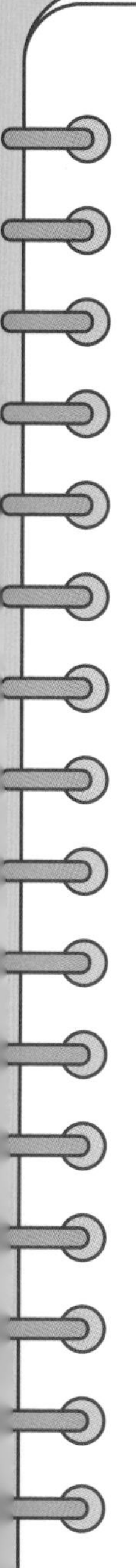

디지털 루틴 만들기 10

가짜 뉴스로부터 벗어나기[17]

1. 의심의 눈으로 확인하고 점검하기

뉴스를 볼 때 다음 사항을 확인하고 점검하면 가짜 뉴스에 속지 않습니다.

① 인터넷주소가 정확한가?

가짜 뉴스 사이트는 웹주소가 엉터리인 경우가 흔합니다. URL을 꼼꼼히 살펴보고 URL 유무를 확인하세요.

② 정보의 출처는 어디이고, 기사를 쓴 기자는 누구인가?

이 정보를 믿어도 될지 말지 고민이 될 땐 언론사명과 연락처, 기자 이름, 소속, 이메일 주소, 간단한 프로필 등을 확인해 보세요. 만약 출처가 불분명하다면 가짜 뉴스일 확률이 높습니다.

③ 문법적 오류는 없는가?

뉴스의 기본은 어문규범 준수입니다. 따라서 맞춤법과 문법이 많이 틀렸거나 감정적인 단어, 자극적인 표현이 많이 쓰였다면 가짜 뉴스일 가능성이 높습니다.

④ 작성 날짜가 있는가?

가짜 뉴스는 오래된 뉴스를 재탕 또는 가공하거나 날짜 명시를 안 한 경우가 많습니다. 기사 내용과 날짜가 맞는지, 기사 작성일이 확실하게 있는지 확인하세요.

⑤ 믿을 만한 근거 자료인가?

모든 기사의 근거를 찾아볼 필요는 없지만 "이건 정말 중요한 기사야!"라고 여겨질 땐 근거 자료를 찾아보세요. 조작이 의심되는 사진은 구글의 이미지 검색 서비스를 이용하는 것도 한 방법입니다. 통계표는 원자료를 찾아보면 조작 여부 확인이 가능합니다.

⑥ 기대한 뉴스가 과연 진짜일까?

사람은 누구나 자신의 관심사나 성향에 맞는 정보, 보도되길 바랐던 정보에 끌립니다. 가짜 뉴스 제공자는 이런 점을 악용하고요. 기대한 뉴스일수록 비판적 사고력을 가동하세요. 무분별한 기대감이 분별력으로 바뀝니다.

2. 가짜 뉴스라고 의심될 때는 관련 기사 찾아보기

특종은 여러 매체에서 취재하고 보도하는 법입니다. 진위가 궁금한 뉴스가 있을 땐 다른 매체에서도 다루고 있는지 검색해 보세요. 가짜 뉴스 여부를 쉽게 판별할 수 있습니다. 친한 사람이 보낸 뉴스 링크라도 다른 사람에게 바로 공유하지는 마세요. 정확한 정보가 맞는지 의심해 보고, 내용을 확인해 봐야 합니다.

3. 귀찮아도 신고하기

유튜브와 페이스북을 비롯한 여러 콘텐츠 유통 플랫폼에는 신고하기 기능이 있습니다. 가짜 뉴스로 의심되는 콘텐츠는 물론 불법 게시물, 불량 콘텐츠는 바로바로 신고해 주세요.

4. 비판적인 시각으로 기사 제목과 본문을 읽고 이야기 나누기

가짜 뉴스는 자극적인 제목과 선정적 내용이 특징입니다. 따라서 뉴스를 접할 때 비판적인 시각으로 기사 전체를 읽는 습관을 부모와 자녀 모두 가져 보세요. 때로는 아이에게 아래와 같은 질문을 던져 보시고요. 아이 대답에 따라 대화 내용은 달라지지만, 이야기를 나누다 보면 비판적 사고력을 높일 수 있습니다.

예) "요즘은 주로 어떤 뉴스 기사(또는 콘텐츠)를 보니?"
"이 뉴스 제목, 관심 끌기용 아닐까?"
"이 기사(또는 콘텐츠)를 보고 나서 어떤 생각이 들었어?"
"엄마 생각엔 이 뉴스가 가짜 뉴스인 것 같은데, 네 생각은 어때?"

5. 필터버블에 대한 대처법을 함께 모색하고 실천하기

아이에게 필터링된 맞춤형 정보만 이용하는 필터버블 현상이 무엇인지 알려주세요. 그래야 디지털 정보를 한쪽으로 치우침 없이, 고르게 접하려고 노력합니다.

아이가 필터버블에 취약한 편이라면, 이 책 3장 3화의 디지털 루틴 만들기 3에 있는 '3. 나만의 설정 또는 연동 모드로 안전하게!' 중 유튜브 부분을 실행하세요(114쪽). 알고리즘을 초기화하여 원치 않는 영상 추천을 덜 받습니다.

똑똑한 지도법 다섯

함께 가자!
부모와 자녀가 모두 행복한 디지털 지구로!

미지의 세계 같았던 메타버스가 일상의 한 부분이 되고, 아이에게 디지털 루틴이 생기고 나면 새로운 고민을 마주하게 됩니다. '가족 모두가 즐겁게 메타버스를 누리는 방법은 뭘까?', '메타버스의 미래, 어떻게 가꾸어 나가지?', '다 같이 행복한 디지털 지구는 어떻게 만들어 나가면 될까?' 이런저런 물음표를 느낌표로 바꿔 드립니다.

1

부작용 때문에 혁신의 문명이 두렵다면

때가 됐는데도 아이의 메타버스 진입을 막거나 이용을 꺼려 하는 부모님들께 그 이유를 물어보았습니다. 그랬더니 다양한 의견이 쏟아지더군요.

"중독될까 봐서요."

"공부할 시간에 온라인 게임만 해서요."

"거북목 증세가 있는데, 이젠 시력까지 나빠졌어요."

"SNS에 늘 정신이 팔려 있어요. 그러니 성적이 잘 나오겠어요?"

이 의견들을 한 단어로 요약하면 '부작용'입니다. 실제로 메타버스 안에는 각종 부작용이 존재하고, 그 여파가 현실에까지 미칩니다. 부작용을 경험한 후에는 두려움이 생기기 마련이고요. 그래서 부모는 신문명, 신세계, 신기술을 마냥 환영할 수 없습니다. 조심하는 차원에서 개방보다는 보수, 즉 통제와 금지의 지도 방식을 취할 때가 많지요.

하지만 한편으론 고민도 됩니다. 초고속, 초저지연, 초연결 시대에 '이래도 되나?'라는 생각이 들기 때문입니다. 이래저래 마음이 편치 않지요. 이럴 땐 '부작용 너머의 것'을 봐야 합니다.

부작용 너머에 있는 광대한 메타버스 세상

앞서 메타버스의 유형과 종류를 설명할 때 자녀 지도와 관련된 플랫폼 위주로 소개를 했습니다. 그러다 보니 메타버스 활동 영역이 축소되었는데요. 이번에는 확대해서 알아볼까요? 메타버스 세계는 생각보다 훨씬 광범위하고, 그만큼 발전 가능성이 풍부합니다. 새로운 도전의 기회가 널려 있습니다.

증강현실부터 살펴보겠습니다. AR 하면 뭐가 떠오르세요? 앞에서 집중적으로 다룬 포켓몬 GO나 제페토일까요? 아니면 실패와 부활을 거듭 중인 구글 글래스Google Glass일까요?

이제는 스마트 팩토리smart factory도 추가하세요. 스마트 팩토리는 제품을 조립·포장하고 기계를 점검하는 등의 생산 과정에 여러 정보통신기술을 적용한 지능형 공장을 말합니다. 스마트 팩토리를 현실화한 주요 기술 중 하나가 증강현실입니다.

작업 현장에 증강현실을 적용하면 근로 시간 단축은 물론 생산성 향상, 위험 예방, 품질 개선, 관리 비용 절감, 원격 모니터링 등의 효과를 볼 수 있습니다. 증강현실을 접목한 교육 시스템을 활용하면 근로자나 교육생들에게 필요한 각종 정보와 제작 기술을 현장실습 하듯이 교육할 수도 있지요.

예를 들어, 유럽의 항공기 제조사 에어버스Airbus는 미라MiRA, Mixed Reality Application라는 증강현실 시스템을 도입했습니다. 그 결과, 일부 기종의 부품 검수 시간이 3주에서 3일로 단축되었습니다. 그 밖에도 도요타, BMW, 재규어랜드로버 같은 자동차 제조업체부터 다수의 기업들이 AR 관련 기기나 시스템을 적극적으로 활용 중입니다. 마이크로소프트에서 개발한 홀로렌즈2HoloLens2는 산업용 외에 미군 군사 장비로도 쓰입니다. 이처럼 메타버스의 쓰임새가 다양하다는 건 무엇을 의미할까요? 우리 아이들이 도전할 미래 신직업 중 메타버스 관련 직업이 많다는 겁니다.

이번엔 라이프로깅을 들여다봅시다. 라이프로깅 하면 소셜미디어가 자동으로 떠오를 겁니다. 그 외에 몸에 부착하거나 착용해 사람들의 생체 정보, 운동 기록을 관리하는 웨어러블 디바이스 wearable device도 라이프로깅에 포함됩니다. 한 예로 나이키런클럽 Nike Run Club이라는 러닝 앱을 이용하면 개인의 러닝 경로와 기록을 소셜미디어에 올려 전 세계인으로부터 온라인 하이 파이브를 받을 수 있습니다. 지인을 초대해 기록 대결을 하거나 러닝 챌린지도 할 수 있지요.

또 다른 운동 기록 앱인 스트라바Strava는 사용자의 스마트폰 센서에서 측정된 활동 데이터를 소셜미디어에 기록할 수 있습니다. 이를 팔로워들과 공유해 피드를 주고받으면서 서로 동기부여를 해 나갈 수도 있고요.

그런데 이런 라이프로깅 생태계가 형성되려면 어떤 ICT 기술이 필요할까요? 바로 빅데이터big data입니다. 소셜미디어에 올라온 대용량의 데이터를 처리하고 활용하려면 빅데이터 분석이 필수적인 프로세스이지요. 요즘 기업들이 없어서 못 뽑는다는 인재가 빅데이터 관련 전문가들이고요.

거울세계도 마찬가지입니다. 앞에서는 인터넷 지도 서비스, 음식 배달 앱, 화상회의 서비스, 마인크래프트 등을 주로 다뤘는데요. 차량 공유경제 기업 우버Uber, 디지털트윈digital twin[18]은 거울세계가 새로운 기회의 땅이라는 걸 증명합니다.

가상세계 또한 온라인 게임 영역을 넘어가면 이 세계로 뛰어든 다양한 기업을 만날 수 있습니다. 가상세계와 직결된 기업은 물론 루이비통, 구찌, 버버리 같은 콧대 높은 명품 브랜드도 있습니다. 예를 들어 루이비통은 리그 오브 레전드 게임에서 루이비통 스킨을 팝니다. 구찌는 제페토의 스토어와 전시관에서 신상품을 선보이고 판매합니다. 나이키, 아디다스, 디즈니 같은 브랜드들도 제페토에 잇달아 입점했습니다. 버버리는 자사 의상이 들어간 게임을 만들어 메타버스 사용자들의 이용을 유도합니다. 일종의 홍보 활동이지요.

이 밖에도 10·20대들이 애용하는 게임사와 여러 기업 간에 다양한 협업이 이루어지고 있습니다. 기업들도 미래 먹거리가 메타버스에 있다고 판단했기 때문이지요.

정리하면 부작용 너머의 세계에는 '이것'이 무수합니다. 바로 우리 아이들이 도전할 만한 신직업, 미래 먹거리, 블루오션을 잡을 기회! 미래학자의 말을 굳이 인용하지 않아도 우리 눈으로 매일 목격하고 있습니다. 4차 산업혁명이 진행되면서 기존의 많은 직업들이 사라지고 새로운 직업들이 속속 등장하고 있는 현상을요.

우리 아이들이 메타버스 문명을 직접, 자주 경험하도록 해 주세요. 그래야 자신에게 맞는 새로운 직업을 찾고 원하는 인생을 살 수 있습니다. '떡도 먹어 본 사람이 먹는다'는 속담처럼 메타버스에서 놀아 봐야 메타버스 속성을 아는 법입니다. 그러한 경험의 과정에서 부작용이 생길 수도 있지요.

만약에 우리 아이에게 부작용이 생겼다면, 아이가 잘못된 길로 갈까요? 그런 불안이 여전히 남아 있다면 두 번째 제안을 고려해 주시길 바랍니다.

더욱 굳센 믿음으로
우리 아이 바라봐 주기

부모가 신문명의 부작용을 두려워하는 건 우리 아이에게 미칠 해(害) 때문입니다. 성공적인 인생, 행복한 삶과는 거리가 먼 불행한 미래, 망한 인생을 살까 봐 미리 열심히 단속하는 것이지요. 그만큼 자녀 사랑이 크다는 건데, 애착이 지나치면 이런 하소연이 나옵니다.

"아이 키우는 게 정말이지 너무너무 힘들어요."

주로 아이의 모든 것을 일일이 체크하고 손수 챙겨야만 안심이 되는 헌신적인 부모 유형에게서 듣는 말입니다. 그러나 이건 헌신이 아니라 불신입니다. 아이를 믿고 아이에게 일 처리를 맡기면 엉망진창이 될 것 같은 부모의 불안입니다. 이런 심리 상태가 발동하면 부모는 습관적으로 아이 행동 하나하나를 지적하고 간섭합니다. 그러다 아이가 질려 포기하면 부모만의 방식으로 그 일을 대신해 주며 걱정의 단계를 한층 높이지요.

"아이가 매사에 너무 무기력해요. 꿈도 없고요."

"걸핏하면 울고 자신감이 부족해서 정말 큰일이에요."

"아이가 바보처럼 친구들한테 휘둘리고 다녀서 속상해요."

"무슨 말만 했다 하면 짜증을 내거나 반항을 해요. 아이를 상대하는 게 너무 버거워요."

이제는 불신과 불안에서 벗어나 다음 메시지들을 믿어 보세요.

- 우리 아이들은 부작용을 이겨 낼 잠재력이 있습니다.
- 우리 아이들은 부모의 기대치보다 더 많은 일을 할 수 있습니다.
- 우리 아이들은 문제를 스스로 해결하려는 본능을 지니고 있습니다.
- 우리 아이들은 주체적으로 살고 싶어 합니다.

아이에게 메타버스와 관련된 부작용이 발생하면 '해결법+디지털 루틴 실행법+스스로 극복할 기회와 시간'까지 넉넉히 주세요. 설사 그 과정이 시행착오의 연속이어도 아이를 믿고 지켜봐 주시고요. 그럼 아이가 부응하기 위해 노력을 합니다. 실패와 실수가 성공의 자산으로 축적됩니다. 결국엔 아이가 미래 사회가 원하는 인재로 성장합니다. 불신과 불안을 버리고 이 사실을 믿으세요. 부모의 바른 믿음을 먹고 자라난 아이가 행복하게 잘 큽니다. 이는 만고불변의 진리입니다.

2

자녀는 즐겁고 부모는 행복한 메타버스 세상 만들기

자녀가 메타버스를 바르게 이용하면 부모는 행복합니다. 자녀는 부모가 메타버스 사용을 믿고 맡겨 주면 즐겁지요. 참으로 가족 모두가 바라는 평화로운 메타버스 세상입니다. 어떻게 하면 이런 세상을 만들 수 있을까요?

이 책에서 안내한 자녀 지도법만으로는 1% 부족합니다. 어떤 분은 아이와 매일 메타버스 사용 전쟁을 치르고 있을 것도 같고요. 메타버스 속 자녀 지도에 들어간 부모님들의 고충 중 하나가 '지도법을 아는 것보다 실행하는 과정이 더 어렵다.'였거든요. 사례를 하나 들어 보지요.

사례

12세 아들을 둔 엄마는 평소 아들의 게임 자세가 못마땅했습니다. 아이가 늘 구부정한 자세로 게임에 열중했거든요.

그러던 어느 날, VDT 증후군 예방법을 알게 되었습니다. 엄마는 당장 실천하고픈 마음에 최대한 상냥한 말투로 아들에게 부탁했습니다.

"아들, 게임할 때는 이런 자세가 좋다던데, 한번 해 볼까?"

"싫어."

"왜?"

"귀찮아!"

"그러지 말고 한번 해 보자! 네 건강을 위한 거잖아."

"싫다니까! 왜 맨날 엄마 마음대로 하려고 해?"

아들의 삐딱한 반응에 엄마도 기분이 상했습니다. 그동안 아들 눈치 보느라 참았던 말이 막 나갑니다.

"엄마가 뭘 그렇게 마음대로 했다고 그래? 제멋대로 한 건 너지. 그동안 말을 안 해서 그렇지, 지금 네 자세가 얼마나 나쁜지 알아? 그따위로 할 거면 게임 자체를 하지 마!"

엄마의 속사포 같은 비난에 화가 난 아들이 버럭 소리를 지릅니다.

"알았으니까 잔소리 좀 그만해!"

결국 그날은 아들과 대판 싸우고 끝났다고 합니다. 어째 남의 이야기 같지 않으시지요? 실제로 이런 가정이 매우 많습니다. 부모의 유익한 제안을 거절하는 자녀 유형도 각양각색이고요. 예를 들면 어떤 아이는 입에 자물쇠를 채운 것처럼 묵묵부답으로 일관합니다. 어떤 아이는 대답만 잘하고 실천을 안 하지요.

도대체 무엇이 문제일까요? 특히나 앞 사례에 나온 엄마는 명령형 화법이 나쁘다고 해서 청유형 화법까지 썼는데 말이죠. 이와 같은 사례들을 모아 문제점을 분석해 보니 한 가지 공통점이 있었습니다. 바로 디지털 루틴을 꾸준히 실행시켜 주는 동력! 문서화된 '우리 집만의 맞춤형 메타버스 사용 규칙'이 없다는 점입니다. 이 의견에 아래와 같은 의문을 제기하는 분도 계실 겁니다.

"이상하네요. 저희 집은 사용 규칙이 전부터 있었지만 사실 별 효과가 없어요. 왜 그럴까요?"

이럴 땐 메타버스 사용 규칙문을 제대로 만들었는지 점검해 보세요. 점검 항목은 총 6가지입니다. 함께 확인해 볼까요?

메타버스 사용 규칙, 이렇게 만들어야 성공한다!

점검 항목과 각 항목이 필요한 이유를 차례로 살펴보겠습니다.

점검 항목	점검 내용
1	자녀가 메타버스를 안 하고 있을 때 정한 사용 규칙인가?
2	부모와 자녀가 서로 협의하여 정한 사용 규칙인가?
3	사용 규칙을 문서화했는가?
4	사용 규칙 개수가 3~4개 정도인가?
5	사용 규칙문 안에 보상과 벌칙이 있는가?
6	끝부분을 날짜와 자필 서명으로 마무리했는가?

하나, 자녀가 메타버스를 안 하고 있을 때 정한 사용 규칙인가?

자녀가 메타버스에서 신나게 놀고 있을 땐 온 정신이 그 세계에 가 있습니다. 그럴 때 자녀에게 말을 걸면 십중팔구 건성으로 대답하거나 귀찮아합니다. 승패가 달린 게임에 열중하고 있을 땐 평소보다 더 크게 짜증을 내거나 화를 내기도 하고요.

경험상 자녀가 이렇다는 걸 알면서도 "그거 잠깐 멈추고 이리 나와 봐!"라고 말하는 건 부모가 자녀의 메타버스 활동을 대단치 않게 여기기 때문입니다. 즉, 언제든지 그만둘 수 있고, 그만해도 무방한 활동이라는 것이지요. 의외로 많은 부모님들이 자녀가 메타버스 활동 중일 때 사용 규칙을 즉석에서 제안합니다. 그러면 자녀는 이를 통제로 받아들여 거부 반응을 보이고요.

자녀가 메타버스 활동을 쉬고 있을 때, 이왕이면 기분이 좋을 때 사용 규칙을 만들자고 제안하세요. 만약 아이가 늘 메타버스 속에 있다면 "중요하게 할 말이 있는데, 오늘 언제 시간 돼?"라고 묻는 대화법으로 시작하시고요.

둘, 부모와 자녀가 서로 협의하여 정한 사용 규칙인가?

대다수 아이들은 사용 규칙 없이 놀고 싶어 합니다. 그래서 사용 규칙을 만들자는 부모의 제안 자체가 달갑지 않습니다. 그런데 그 규칙의 내용마저도 부모가 일방적으로 제안하고 결정하면 어떨까요? 아무리 좋게 말해도 아이들은 구속으로 느낄 겁니다.

따라서 부모와 자녀가 서로 사용 규칙을 공평하게 제안하고 의논해서 정하는 '협의의 과정'이 꼭 필요합니다. 이때, 최종 선택을 자녀가 하면 더욱 좋습니다. 자녀가 최종 결정권자가 되면 자신의 선택에 책임감을 느끼기 때문이지요. 책임감은 실천하려는 노력으로 이어집니다. 나중에 딴말할 여지도 줄어듭니다.

셋, 사용 규칙을 문서화했는가?

'사이좋게 말로 잘 협의하고 약속했으면 됐지, 뭘 문서씩이나…….'라고 생각하실 수도 있습니다. 그러나 실제 상황에서는 문서의 유무가 큰 차이를 불러일으킵니다. 특히, 문서화는 부모에게 반항적이거나 불손한 자녀에게 효과적입니다.

제가 상담한 아이 중에 "엄마가 제 이름만 불러도 귀를 막고 싶어요."라고 호소한 아이가 있었습니다. 이유는 부모의 간섭과 잔소리에 질렸기 때문인데요. 여차하면 부모의 언행 중에 꼬투리를 잡아 계속 따지고 듭니다. 이 같은 유형의 아이들은 부모가 사용 규칙에 대해 말하는 것 자체를 불편한 자극으로 느낍니다. 그렇다고 사용 규칙을 번번이 잊고 어기는 아이를 그대로 놔둘 수도 없습니다. 이런 상황일 때는 사용 규칙을 문서로 환기시켜 주는 것이 좋습니다. 요령을 알려 드리면 다음과 같습니다.

예) 아이가 식사 중에 유튜브를 본다면 문서화된 사용 규칙문을 아이에게 보여 주면서 담담하게 말하기
"여기 '식사할 때는 스마트폰 안 하기!'라고 적혀 있구나! 지키지 않았을 때 벌칙은 '다음 날 디지털 디톡스 하기'인데, 어떻게 하면 좋을까?"

아이 반응이 궁금하시죠? 반항이 한결 덜합니다. 얼른 스마트폰을 끊고 식사에 집중하기도 합니다.

넷, 사용 규칙 개수가 3~4개 정도인가?

'한번 만들 때 잘 만들자!'라는 마음이 앞서면 규칙 개수가 자꾸 많아집니다. 그럼 자녀는 실행하기도 전에 질리고, 결국 얼마

못 가 흐지부지되지요.

문제는 이것저것 사용 규칙으로 정할 내용은 많은데 개수는 한정적일 때입니다. 이럴 땐 어떻게 하면 좋을까요? 먼저 중요한 것부터 시행한 뒤 결과를 점검해 봅니다. 그랬더니 1번과 2번은 잘 지켜진다! 그러면 1번과 2번의 내용을 다른 것으로 바꿉니다. 한번 정한 사용 규칙은 불변이 아니라 계속 수정 가능하거든요.

다섯, 사용 규칙문 안에 보상과 벌칙이 있는가?

여러 번 강조했지만 자녀는 보상과 벌칙 제도가 없으면 사용 규칙을 지키는 척하다가 맙니다. 따라서 보상과 벌칙 또한 '각자 제안+서로 협의'의 과정을 거쳐 만드세요.

보상의 종류는 물질적 보상부터 메타버스 사용 시간 더 주기, 칭찬, 격려, 놀아 주기, 가족 나들이 등 여러 가지가 있습니다. 벌칙의 종류 또한 놀이 제한, 메타버스 사용 시간 차감, 벌금, 집안일 돕기 등 다양합니다. 단, 체벌은 절대 금지입니다.

마땅한 아이디어가 없을 땐 아이에게 전부 제안해 보라고 맡겨 보세요. 실제로 해 보면 아이에게서 좋은 의견이 나올 때가 많습니다. 황당무계한 보상이나 벌칙 같지 않은 벌칙을 제시하면 하나의 제안으로 넘겨 버리시고요.

여섯, 끝부분을 날짜와 자필 서명으로 마무리했는가?

가족끼리만 보는 사용 규칙문이라 해도 최소한의 양식을 갖출수록 좋습니다. 특히, 끝부분에 작성한 날짜와 가족 구성원의 자필 서명을 적어 넣으면 무언의 책임감이 부여됩니다.

이렇게 완성된 '메타버스 사용 규칙문'은 어떤 형태일까요? 샘플을 준비해 봤습니다.

우리 집 메타버스 사용 규칙문

1. 등교 전, 학습할 때, 식사할 때, 잠자리에서는 접속 안 하기
2. 게임과 SNS를 할 때는 바른 자세로 앉아서 하기
3. 포켓몬 GO는 미리 정한 안전한 구역에서 하고, 돌아다닐 땐 주변에 주의를 기울이며 천천히 걷기
4. 하루 메타버스 사용 시간은 2시간 이내로 하기

• 보상 : 위 규칙을 모두 잘 지키면 주말 사용 시간 '2시간' 연장하기
• 벌칙 : 위 규칙을 모두 안 지키면 주말은 디지털 디톡스 하기
　　　　일부 안 지키면 다음 날 사용 시간 차감하기

○○○○년 ○월 ○일
아빠 (자필로 이름 쓰고 서명)
엄마 (자필로 이름 쓰고 서명)
자녀 (자필로 이름 쓰고 서명)

이후엔 무엇을 해야 할까요? 꾸준한 실천 노력입니다. 처음에 만든 메타버스 사용 규칙이 끝까지 잘 가는 경우는 드뭅니다. 반복 훈련을 통해 메타버스 사용 규칙이 자녀의 몸에 밴 습관, 즉 디지털 루틴이 되도록 도와줘야 합니다. 인내의 과정이긴 하나 그렇게 한 단계씩 올라가다 보면 드디어 만날 수 있습니다. 자녀는 즐겁고 부모는 행복한 메타버스 세상을요.

3

함께 준비하며 맞이하는 메타버스의 미래

메타버스를 바르게 사용하는 아이로 만들기 위해 시작된 배움의 여정이 마침내 메타버스의 미래에 다다랐습니다. 그사이 여러분의 지도력은 상승했고, 메타버스의 일원이 되었습니다. 뿌듯하신가요? 아니면 여러 감정과 생각이 드시나요?

짐작건대, 둘 다일 것 같습니다. 교육 현장에서 만난 부모님들의 소감을 들어 보면 이제는 메타버스가 낯설지도, 두렵지도 않다고 합니다. 메타버스의 미래가 어떨지 기대와 우려가 교차한다는 말씀도 주셨고요.

그렇다면 관련 업계, 학계, 기관은 메타버스의 미래를 어떻게 보고 있을까요? 저도 궁금해서 관련 자료를 찾아봤습니다.

다가올 메타버스는
'신기루' 일까, '신대륙' 일까?

관련 자료를 종합해 보면 견해가 분분합니다. 메타버스가 미래 핵심 산업으로 급부상한 건 맞지만 신기루와 신대륙 중 어느 쪽이 될지는 좀 더 지켜봐야 안다는 것이지요. 전반적 추세는 '더욱 혁신적이고, 더욱 확장적이고, 더욱 발전적인 메타버스를 만들자!'는 쪽으로 가고 있습니다.

그 예로 메타, 애플, 마이크로소프트, 엔비디아, 구글, 아마존, 삼성전자 등과 같은 글로벌 빅테크 기업들은 일제히 기업의 생존 가치를 메타버스에 두고 있습니다. 이와 관련된 대규모 투자 및 개발 프로젝트가 이루어지는 중이고요.

2022년 1월, 정부에서는 '메타버스 신산업 선도전략'을 발표했습니다. 교육부는 '디지털 인재 양성 종합 방안'을 발표했는데, 2026년까지 디지털 인재 100만 명을 양성하는 것을 목표로 하고 있습니다. 해당 분야는 메타버스, 인공지능, 소프트웨어, 빅데이터, 클라우드, 사물인터넷, 사이버보안 등입니다.

이 밖에도 관련 자료가 넘쳐 납니다. '메타버스 세계 시장이 2021년에는 460억 달러였지만, 2025년에는 2,800억 달러에 이를 것이다.[19]'라는 예측부터, 메타버스 생태계의 지속적인 확대, 메타버스로 인해 경제·산업·사회·교육 분야에 일어나는 대대적인 변화, 디지털 가상 융합 경제 활성화, 디지털 치료 대중화, 디지털 휴먼의 활약, 대체불가토큰NFT, Non-Fungible Token 서비스와의 거래 활성화까지 굵직한 이슈들만 대략 챙겨도 '메타버스 전성시대'라는 표현이 실감날 정도입니다. 우리가 원하든 원치 않든, 이미 세상은 디지털 대전환 시대를 맞아 거대한 디지털 신대륙을 만들기로 작정한 것처럼 느껴지고요.

현 추세가 이러하다면 부모는 무엇을 해야 할까요? 바로 혁명적 변화를 슬기롭게 맞을 준비가 필요합니다. 기업과 정부 기관이 앞장서서 메타버스 시대를 열어 나가도 진짜 주인공은 우리 아이들이니까요.

그렇다면 우리 아이들을 위해서 구체적으로 어떤 준비를 하고, 어떤 도움을 주어야 할까요?

슬기로운 포노 사피엔스 부모는 이렇게 준비하고 도와준다

크게 두 가지입니다. 첫째, 메타버스를 소비하는 주체나 들러리가 되면 안 됩니다. 주도적 사용자가 되어야 합니다. 즉, 매일 디지털 루틴을 실천하면서 메타버스의 장점을 적극적으로 취하고 즐기되, 설계된 환경을 그대로 따르는 것이 아니라 비판적으로 생각하고 똑똑하게 활용해야 합니다. 이것이 바로 메타버스의 미래를 밝은 유토피아로 만드는 비결입니다. 메타버스 속 아이를 바르고 건강하게 성장시키는 핵심 동력입니다.

둘째, 우리 아이가 현실 세계의 가치를 우선시할 수 있도록 따뜻한 양육 환경을 제공해 주세요. 그럼 메타버스가 현실의 삶을 더 행복하게 만드는 도구가 됩니다. 왜 그런지 메타버스와 관련이 깊은 SF소설 《스노 크래시》와 스티븐 스필버그 감독의 영화 〈레디 플레이어 원〉을 통해 알아보겠습니다.

먼저 《스노 크래시》의 줄거리입니다. 주인공 히로 프로타고니스트는 피자 배달부입니다. 허름한 임대 창고에서 살고요. 그의 현실은 한마디로 우울합니다. 하지만 가상세계에서는 뛰어난 검객이자 천재 해커였지요. 그 능력을 발휘해 메타버스 안에 퍼진 바이러스 같은 신종 마약 '스노 크래시'를 만든 배후의 실체를 파헤쳐 나가는 내용입니다.

〈레디 플레이어 원〉도 흥미롭습니다. 배경은 2045년, 사람들은 암울한 현실에서 벗어나고자 '오아시스'라는 가상현실에 접속합니다. 그곳에서는 상상하는 모든 걸 현실처럼 느낄 수 있거든요.

부모를 여의고 빈민가에서 사는 주인공 웨이드 와츠 역시 오아시스 속에 있는 게 유일한 낙입니다. 오아시스의 창시자는 천재 개발자 제임스 할리데이인데, 그가 죽음을 앞두고 다음과 같은 유언을 남깁니다.

'오아시스에 숨겨 둔 3개의 미션을 해결하고 특별한 아이템인 이스터 에그를 쟁취한 이에게 오아시스의 소유권과 막대한 유산을 물려주겠다.'

이때부터 상금을 차지하기 위한 게임이 시작됩니다. 오아시스에서 '파시벌'이라는 아바타로 활약하던 웨이드 와츠 또한 이 쟁탈전에 뛰어들어 수수께끼 같은 미션을 풀어 나갑니다.

두 작품의 스토리에는 다음과 같은 공통점이 있습니다. 하나, 미래 세계는 디스토피아적 세상입니다. 둘, 사람들은 초라한 자신과 괴로운 현실을 잊기 위해 가상세계 안으로 들어갑니다. 셋, 결국엔 현실의 가치와 중요성을 깨닫게 됩니다. 여기서 잠깐 〈레디 플레이어 원〉에 나오는 대사를 소개해 드립니다.

"내 삶이 끝나려 할 때 깨달았어.
현실은 무섭고 고통스러운 곳인 동시에
따뜻한 밥을 먹을 수 있는 유일한 곳이란 것을.
왜냐하면 현실은 진짜니까."

물론 극적 재미를 주기 위한 설정이겠지만, 저는 우리 아이들의 현재와 미래가 위 두 작품 속 같지 않았으면 좋겠습니다. 히로와 웨이드처럼 메타버스를 현실 도피처로 삼지 않았으면 합니다. 그 대신 따뜻한 말, 아늑한 품, 가족의 온기가 우리 아이들의 삶을 가득 채웠으면 합니다.

그러기 위해서는 앞서 설명한 것처럼 우리 부모님들께서 주도적인 사용자가 되고, 아이들에게 따뜻한 양육 환경을 제공해 주시면 됩니다. 그리고 이 책 전반에 걸쳐 안내한 지도법만 실천해 주셔도 훌륭합니다. 메타버스 시대에 걸맞은 슬기로운 포노 사피엔스 부모님이십니다.

미래 메타버스가
모두의 유토피아가 되려면

부모의 진정한 노력 다음에는 우리 모두의 고민과 협력이 필요합니다. 우리의 단결이 필요한 이유는 진화를 거듭하는 메타버스가 우리의 미래를 어떻게 바꿔 놓을지 정확히 예측하기 어렵기 때문입니다. 하지만 그 누구도 디스토피아를 원치 않는다는 건 분명하지요. 그러니 우리가 힘을 합쳐 메타버스의 미래를 창조해 보면 어떨까요? 미국 컴퓨터 공학자 알랜 케이도 이런 명언을 남겼습니다.

미래를 예측하는 최선의 방법은
미래를 창조하는 것이다.

저는 메타버스가 미래에 이러한 도구로 활용되길 바랍니다.

- 우리의 능력을 확장시켜 주는 도구
- 우리와 우리 사회를 지금보다 더 가치 있게 만들어 주는 도구
- 우리의 행복과 창의성을 증진시켜 주는 도구
- 우리의 꿈을 실현시켜 주는 도구

여러분은 이 밖에 또 어떤 메타버스의 미래를 소망하시나요? 편견과 차별의 장벽을 허물고 다양성, 포용성, 개방성까지 갖춘 메타버스일까요? 무엇이든 좋습니다. 상상만으로도 가슴이 벅차고 흐뭇한 메타버스, 모두가 행복한 디지털 지구가 만들어지는 그날까지 디지털 루틴의 힘을 키우고 함께 노력해 나아가면 좋겠습니다.

주석 및 참고 문헌

1 네이버 지식백과 시사상식사전

2 김상균 · 신병호, 《메타버스 새로운 기회》, 베가북스, 2021

3 최형욱, 《메타버스가 만드는 가상경제 시대가 온다》, 한스미디어, 2021

4 우운택 · 이원재 · 이은수 외, 《포스트 메타버스》, 포르체, 2022

5 태어날 때부터 디지털 기기를 자연스럽게 접하면서 성장하고 디지털 기기를 익숙하게 사용하는 세대로, 디지털 원주민이라고도 한다. 미국의 교육학자 마크 프렌스키(Marc Prensky)가 2001년 논문에서 처음 사용한 말이다.

6 디지털 기술을 배우면서 사용하고 적응하는 세대. 디지털 이민자(Digital Immigrants) 세대라고도 한다.

7 Z세대(Generation Z)는 1990년대 중반에서 2000년대 초반에 걸쳐 태어난 젊은 세대다. 인터넷과 IT(정보기술)에 친숙하며 텔레비전 · 컴퓨터보다 스마트폰을, 텍스트보다 이미지 · 동영상 콘텐츠를 선호한다. 관심사를 공유하고 콘텐츠를 생산하는 데 익숙해 문화의 소비자이자 생산자 역할을 함께 수행한다(출처-네이버 지식백과 시사상식사전).

8 모모 세대는 모어 모바일(more mobile) 세대를 줄인 말이다. 1990년대 후반 이후 출생한 아동 · 청소년들로, 텔레비전보다 스마트폰 같은 모바일 기기에 익숙한 세대다. 유튜브 같은 동영상 플랫폼을 자주 이용한다(출처-네이버 지식백과 시사상식사전).

9 알파 세대(Generation Alpha)는 2011년 이후에 태어나 인공지능, 로봇 등 기술적 진보에 익숙한 세대다. 기계와의 일방적 소통에 익숙하다(출처-네이버 지식백과 시사상식사전).

10 시대 변화에 따라 새롭게 부상하는 기준이나 표준의 시대를 의미한다. 원래는 경제학에서 사용한 용어이지만, 코로나19 이후부터는 달라진 사회 · 경제 · 정치 · 문화 · 교육 등 모든 영역의 새로운 표준의 개념으로 널리 사용된다.

11 제페토 운영사 네이버 제트 2022년 발표 자료

12 모바일 데이터 분석 기업 데이터에이아이(data.ai) 조사 자료

13 빅데이터 분석 기업 아이지에이웍스(igaworks)의 모바일 인덱스 2022년 조사 자료

14 김춘경 외 4인, 《상담학 사전》, 학지사, 2016

15 Belfiore, P. J., Hornyak, R. S., (1998). Operant theory and application to self-monitoring in adolescents. In T. M. McDevitt & J. E. Ormrod(Eds.), Child Development: Educating and Working with Children and Adolescents(Vol. 2), pp. 481

16 SBS 〈그것이 알고 싶다〉, "보고, 듣고, 의심하라! 가짜와의 전쟁, 딥페이크" (2021.02.27)

17 유럽위원회와 퍼스트드래프트(irst Draft, 언론단체)가 제시한 '온라인 허위 정보 대응 방법', 국제도서관협회연맹(IFLA)의 '가짜 뉴스 판별 가이드', 연세대 바른ICT연구소의 '가짜 뉴스 체크리스트', 페이스북과 풀 팩트(Full Fact, 영국의 팩트 체크 비영리재단)가 공동 개발한 '가짜 뉴스 판별법'

18 현실에 존재하는 사물·공간·환경·공정·절차 등을 가상공간에 동일하게 구현하는 기술

19 글로벌 시장 조사 업체 스트래티지 애널리틱스(SA, Strategy Analytics) 발표 자료

초등 디지털 루틴의 힘

2023년 01월 03일 초판 01쇄 인쇄
2023년 01월 13일 초판 01쇄 발행

글 문유숙

발행인 이규상 편집인 임현숙
편집팀장 김은영 책임편집 문지연
디자인팀 최희민 권지혜 두형주 마케팅팀 이성수 김별 강소희 이채영 김희진
경영관리팀 강현덕 김하나 이순복

펴낸곳 (주)백도씨
출판등록 제2012-000170호(2007년 6월 22일)
주소 03044 서울시 종로구 효자로7길 23, 3층(통의동 7-33)
전화 02 3443 0311(편집) 02 3012 0117(마케팅) 팩스 02 3012 3010
이메일 book@100doci.com(편집·원고 투고) valva@100doci.com(유통·사업 제휴)
포스트 post.naver.com/100doci 블로그 blog.naver.com/100doci 인스타그램 @growing__i

ISBN 978-89-6833-413-9 13590